WOULD YOU KILL THE FAT MAN?

The Trolley Problem and What Your Answer Tells Us about Right and Wrong

你会杀死那个胖子吗？

一个关于对与错的哲学谜题

［英］戴维·埃德蒙兹（David Edmonds）著　姜微微　译

中国人民大学出版社

·北京·

献给利兹、艾萨克和索尔
（一个同时喜爱汽车、火车和电车的粉丝）

车儿车儿咣当跑

铃儿铃儿响叮叮

心儿咚咚为谁跳

看他一眼脸儿红

——休·马丁和拉尔夫·布兰，《电车之歌》，1944 年

（出自电影《相遇圣路易斯》，朱迪·嘉兰演唱）

序

我只是随便举例，无意冒犯。

——菲利帕·福特

本书将会留下横七竖八的尸体和一滩血迹。在本书中，只有一只动物会受折磨，但有许多人会丢掉性命。丧命的人大都是无辜的，只是被怪异的情势所迫。一个身材魁梧的人可能会从天桥上跳下来，也可能不会。

幸运的是，几乎所有伤亡都是虚构的。这一思想实验旨在检验我们的道德直觉，帮助我们形成道德准则，并使之在现实世界中发挥作用。在这个世界中，我们做出的是切切实实的决定，伤害的是活生生的人。所有思想实验的关键都在于摒弃可能在真实情境中干扰我们判断的无关想法，但出于实用性考虑，这些实验不得不与真实情境在结构上保持类似。所以，在之后的章节里，你将会读到几个真实发生过的生死攸关的故事。友情客串的嘉宾有温斯顿·丘吉尔、美国第 24 任总统、一个德国绑匪和 19 世纪一个被指控吃人的水手。

只有当人们愿意相信思想实验时，它们才会产生效果。哲学书籍的关注对象应该是观念，而不是人。但观念并不是凭空产生的，而是时间和空间、教养和人格共同作用的产物。一种观点也许会表现为对其他观点的反驳，抑或是对当下人们关注问题的反映，也可能是表现了某个思想家独到的见解。但无论如何，思想史都令人着迷，因此，我挑选出了一两个为本书的基本观点作出贡献的人，把他们写进了故事中。

"杀死胖子"，作为本书核心的犯罪行为，从哲学上讲从未彻底解决，这是有原因的：问题复杂，并且非常复杂。原本看似浅显的问题，比如"当你推那个胖子的时候，你的目的**是要杀了他吗？**"，其实回答起来并不容易。如果一本书试图面面俱到地论述由此衍生出的所有问题，其篇幅将是本书的十倍。尽管一些纷繁难解之处不可避免（事实上，正是这些地方为我们带来了学术上的乐趣），但无论如何，我的初衷是写一本让那些没有哲学博士学位的读者也能看懂的书。

我第一次遇到"电车难题"是在读本科时，而那个"胖子"被引入哲学领域是在我读研究生时，那是很久以前的事了。但正是从那时起，关于这一问题的不同观点激起了我的兴趣。

为什么不论是哲学家还是非哲学家都对那个胖子虚构的死亡如此着迷？我希望以下章节能为回答这一问题提供一些帮助。

目 录

第三部分 思想、大脑和电车

第四部分 电车学及其批评者

第一部分
哲学与电车

第一章　丘吉尔的困境

　　1944 年 6 月 13 日凌晨 4 点 13 分，距伦敦东南 25 英里的一块莴苣菜地发生了爆炸。

　　当时英德两国已经开战 5 年，而这声爆炸对英国首都的居民而言，标志着一场新折磨的开始——这场折磨将持续数月，导致数千人死亡。德国人把他们的飞行炸弹叫作 Vergeltungswaffe，意为"复仇武器"。第一枚 V1 飞弹只是炸毁了菜地，而当天夜里的另外九枚复仇飞弹则造成了伤亡。

　　伦敦人不但对自己在面临德国发动的大规模空袭时表现出的百折不挠的精神引以为傲，甚至在一定程度上将其神化。然而在 1944 年的夏天，虽然前有盟军在 6 月 6 日发动的诺曼底登陆，后有纳粹在东线的撤退，但是伦敦人乐观与斗志的源泉依然日渐枯竭。

德国发射的 V1 飞弹的模样已经很可怕——两吨的钢铁拖着橘红色的火焰从天空猛扑下来——但真正令目击者刻骨铭心的还是它的巨响。飞弹先是像狂躁的蜜蜂一样嗡嗡作响，之后又诡秘地悄无声息，这种寂静说明飞弹耗尽了燃料正在下坠。一旦触及地面，它们就产生震耳欲聋的爆炸，威力之大足以将几栋建筑夷为平地。为了减轻恐惧，伦敦人给这种飞弹起了个富有童趣的名字："小飞虫"（而德国人管它们叫"地狱犬"或者"火龙"）。没有几个人能够像诗人伊迪丝·西特韦尔一样淡定，当时她正在读书，突然头顶上传来"小飞虫"的声音。她"仅仅抬眼盯了一会儿天花板，稍微提高音量以抵消天上的喧闹，就继续读了下去"。[1]

因为飞弹是无人驾驶的，所以可以随时打过英吉利海峡而不受时间和天气的限制，并且无人驾驶的特点更让它们的威胁有增无减。伊夫林·沃写道："没有敌人在天上搏命，飞弹就像瘟疫一样冷漠，仿佛这座城市感染了一种巨大的有毒寄生虫。"[2]

"小飞虫"瞄准的是伦敦的心脏，那里人口密集，也是政府和权力机构所在地。一些"小飞虫"飞到了目标区域，其中一只震碎了白金汉宫的玻璃并炸毁了乔治六世的网球场。更严重的是，1944 年 6 月 18 日，当平民和士兵在白金汉宫附近的卫兵教堂进行晨祷时，一枚 V1 飞弹击中了那里，造成 121 人死亡。

卫兵教堂附近的西弗斯地 5 号的天窗也被这次爆炸震得发晃。这里是一间阁楼公寓，里面老鼠横行、书籍遍地。书籍实在太多了，以至于不得不将原来嵌在墙里的面包炉拆下来，换成书架。房顶有一道裂缝，透过它能够听到断断续续的飞机呼啸，地板上也有好几道裂缝，透过它们能听到持续不断的地铁的轰鸣声。这间公寓是两个女人的家，她们分享着鞋子（她们总共只有三双鞋）和同一个情人。艾丽斯在财政部工作，暗中为共产党提供情报；菲利帕正在研究战争结束后，如何利用美国的资金帮助欧洲复兴经济。艾丽斯·默多克和菲利帕·彭桑切都将成为杰出的哲学家，尽管艾丽斯作为小说家的名气更大。

艾丽斯的传记作者彼得·康拉迪说，这两个女人早上走路上班。对于许多建筑一夜之间就不复存在这种事儿，她们已经习以为常。回到公寓，在密集的狂轰滥炸中，她们会爬进楼梯下的浴缸中寻找舒适和安全。

她们当时还不知道，情况原本会更糟。纳粹德国面临着两个问题。第一，除了差点儿炸毁了白金汉宫和造成卫兵教堂严重伤亡的两枚飞弹外，大部分 V1 飞弹都落在了市中心偏南几英里外的地方。第二，纳粹德国对此毫不知情。

白厅想出了一项天才般的计划：如果能成功欺骗德国人，让他们相信"小飞虫"都击中了目标——或者最好是让他们相信"小飞虫"都落在了城市北部而没有击中目标——这样一来，德国人就不会调整飞弹的弹道，或者有可能调整弹道让飞弹落在更加偏南的位置，许多人就会因此得救。

这一骗局的细节由特工人员精心设计，并牵涉了几个双面间谍，其中就有最富传奇色彩的齐格扎克（Zig Zag）[3]和嘉宝（Garbo）[4]，这两个人受雇于纳粹德国，实际上却在为盟军服务。纳粹德国要求目击者提供关于飞弹爆炸地点的情报。整整一个月的时间，他们始终受到齐格扎克和嘉宝定期提供的假情报的误导。

英国军方很快意识到这一策略的好处并表示支持，但要政客们接受这一计划则比较困难。国内安全大臣赫伯特·莫里森和首相温斯顿·丘吉尔就此事发生了激烈的争吵。将这一争吵归结为阶级冲突也许有些不妥，但是莫里森本人出生在伦敦南部一个警察家庭，代表着伦敦东部贫困选民的利益。而对于这一行动可能会给市中心南部地区的工人阶级带来的巨大损失，他可能比丘吉尔体会得更深切。他一想到要"扮演上帝"，由政客们决定人的生死，就感到心神不宁。但如往常一样，丘吉尔占了上风。

历史学家们至今仍在就这一行动是否成功进行着争论。一旦齐格扎克和嘉宝发出的假情报被曝光，伦敦南部的居民就会知道自己被利用了，他们肯定不会善罢甘休。认识到这一点后，英国情报机构军情五处决定把这些假情报统统销毁。然而，纳粹德国始终没有调整目标。一位科学顾问促成了这一行动，他的父母就住在伦敦南部，他的母校也在这里（他说："我知道我的父母和母校都会愿意接受这一决定"），他这么做的原因是因为据估计这一行动会拯救多达1万人的生命。[5]

到1944年8月末，V1飞弹的威胁已逐渐减退，这不仅是因为英国从天空和地面击落"小飞虫"的概率得到了提高，更重要的原因是位于法国北部的飞弹发射场已被挺进的盟军占领了。1944年9月7日，英国政府宣布对抗飞弹的战争已经结束。[6]V1飞弹造成了约六千人死亡。伦敦南部地区的克里登、宾治、贝肯汉姆、达利奇、斯特里汉姆、刘易舍姆等地被炸得满目疮痍，仅克里登一地就有57 000座房屋被毁。

尽管如此，如果没有双面间谍所起的作用，可能会有更多的建筑被毁，更多的人丧生。在做这个决定时，丘吉尔可能没怎么失眠。他每天都面临着许多折磨人的道德困境。但以上提及的这个困境之所以重要，是因为它同一个著名的哲学谜题相切合。

　　而这个谜题就是本书所要探讨的问题。

第二章 岔 道

曾经取人性命怎能没有罪恶?

——圣奥古斯丁

一个男人站在铁道边,突然他看到一辆失控的电车正朝他呼啸而来。显然,刹车失灵了,而前面有五个人被捆绑在铁轨上。如果这个人什么都不做,这五个人将被电车轧死。幸运的是,他身边有一个开关,只要扳动开关,就能让失控的电车转向另外一条铁轨,即他面前的一条铁路支线。不妙,又出差错了:他看见另一条铁轨上也绑着一个人,改变电车的方向肯定会让这个人送命。他该怎么办?

从现在起,我们将把这一困境称作"岔道困境"。岔道困境与丘吉尔曾经面对的谜题肯定有所不同,但二者之间也有相似之处。当时的英国政府面临着一个抉择：要么无所作为，要么通过提供虚假情报让德军改变"小飞虫"的弹道，以拯救人们的性命。死亡的对象会因此不同，而且数量会变少。改变电车的方向也会同样救人性命，虽然另一个人会因此丧命。

大多数人似乎相信，不但可以而且应该让电车转向那条铁路支线——这是道义的选择。

"岔道困境"的其中一个版本第一次出现在 1967 年的《牛津评论》(*Oxford Review*) 上，这一版本后来重印在一本题词是"追忆艾丽斯·默多克"的杂文集中。[1] 这本书的作者正是在二战中与艾丽斯·默多克共居一室，在英国政府面临类似"岔道困境"的抉择[2]时蜷缩在西弗斯地的浴缸里的那个人。菲利帕·彭桑切（后来被称为菲利帕·福特）肯定没想到，她的这个在一本艰深难懂的期刊上，用一篇长达 14 页的文章进行阐述的谜题，后来不但催生了一个迷你学术产业，而且开启了一场延续至今的争论。

这场争论吸引了哲学史上最为著名的道德思想家——从阿奎那到康德，从休谟到边沁，并且捕捉到了我们道德观中最为基本的矛盾。为了检验我们的道德直觉，哲学家们想出了各种各样的超现实场景：活板门、大转盘、拖拉机，还有吊桥。而在上文提到的那个场景中，电车正在冲向五个倒霉的人，读者

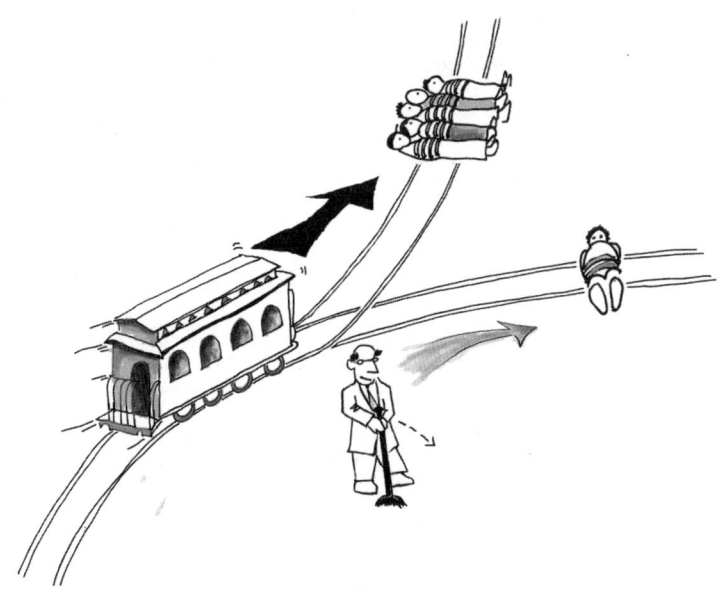

图 2—1

岔道。 你站在铁道边，突然看到一辆失控的电车正朝你呼啸而来。显然，刹车失灵了，而前面有五个人被捆绑在铁轨上。如果你什么都不做，这五个人将被电车轧死。幸运的是，你身边有一个开关，只要扳动开关，就能让失控的电车转向另外一条铁轨，即你面前的一条铁路支线。不妙，又出差错了：你看见另一条铁轨上也绑着一个人，改变电车的方向肯定会让这个人送命。你该怎么办？

会想到许多拯救他们的方法，但代价是牺牲另外一个人的性命。

　　一般而言，受到死亡威胁的五个人是无辜的，他们本来不该遭此劫难。为了救这五个人而要杀死的另外一个通常也是完全无辜的人。这五个人同这一个人之间一般也没有瓜葛，他们非亲非故，他们之间唯一的联系就是恰巧遭遇了同一场灾难。

　　我们很快就会遇到"胖子"。我们如何对待他是本书的核心谜题，这一谜题已经困扰了哲学家们近半个世纪。关于这一话题已经发表了太多的文章，所以一个幽默的新词应运而生——"电车学"。[3]

　　作为电车学已经进入大众意识的证据，发生在英国首相身上的例子常被使用。2009 年 7 月，在进行 TED 直播演讲时，一个提问者向戈登·布朗提出了下面这个具有迷惑性的问题。"你在美丽的海滨度假，有人报告说发生了大地震，一场海啸正朝海岸袭来。海滩的一头有一座房子，里面住着一家五口的尼日利亚人，海滩的另一头住着一个单身的英国人。你的时间只够通知其中一家，你会怎么办？"在听众的窃笑声中，布朗先生——不愧是个政客——巧妙地规避了前提，答道："用现代通信方式警告双方。"[4]

　　然而，有时候你不可能警告双方，更不可能拯救所有的人。政客们的确需要做出生死抉择，医疗系统的官员也是如此。医疗资源有限，是资助一种药品的开发以拯救 X 个人的性命，还是资助另一种药品去拯救 Y 个人的性命，当一个医疗机构面临这一选择的时候，其实遇到的就是"电车难题"的一个变体，只是这一变体不涉及杀死谁的问题。[5]

我们将会看到，电车学已经衍生出了细微但重要的差别。比如，是救五个人还是救一个人，是否要为救五个人而牺牲一个人。纽约州北部的美国陆军西点军校是培养未来军官的地方，作为哲学和"正义战争"理论必修课的一部分，所有的学生都必须学习电车学。辅导员称，这有助于区别美国发动的战争与基地组织的恐怖袭击：一方是瞄准军事设施，并知道攻击肯定会伤及平民；另一方则是故意瞄准平民。

哲学家们就电车情境是否涵盖这一差别存在争议。电车学虽然由先验派哲学家发明，但现在已经不是他们的专属了。过去十年里显著的哲学潮流是，哲学越来越多地接受了来自其他领域的影响和观点。电车学就是对这一观点最好的诠释。过去十年中，这一伦理学的分支与许多学科发生了交汇——包括心理学、法学、语言学、人类学、神经系统学以及进化生物学，就连哲学最时尚的分支——实验哲学，也参与其中。从以色列到印度再到伊朗，都有人从事"电车难题"的相关研究。

　　一些电车学文献实在太过复杂，因此一位哲学家曾愤怒地说道，这些文献"使《塔木德》相比之下就像是《经典荟萃》（指的是一套基础学习指南丛书）"。[6]的确，对于旁观者而言，铁轨和电车的奇怪事件看似一个无害的玩笑——仿佛是为久居象牙塔的人设计的填字游戏。但其核心是对与错的本质，以及我们如何作为。有什么能比这更重要呢？

第三章　开山之母

我认识到了原子弹的悲剧性。

——哈里·S·杜鲁门总统，1945 年 8 月 9 日，名为"胖子"的原子弹被投放到长崎当日

菲利帕·福特（被朋友称作皮普）——电车学的缔造者——相信她提出的电车困境有一个正确答案（因而，也有一个错误答案）。

福特生于 1920 年，像许多同时代的人一样，她的伦理观是在第二次世界大战残酷的背景下逐渐成形的。但当 1947 年她开始在牛津教授哲学时，"主观主义"依然阴魂未散，甚至可以说是仍在毒害着学术界。

主观主义认为，不存在客观的道德真理。第二次世界大战

之前，主观主义遭到了奥地利首都的一些数学家、逻辑学家和哲学家的围攻。这些人被称作"维也纳学派"。维也纳学派发明了"逻辑实证主义"，认为一个命题如果有意义，就必须至少满足以下两个标准中的一个：要么它必须能够自证（例如，2＋2＝4或者"所有电车都是交通工具"），要么它必须能够通过实验加以证实（例如，"月亮是奶酪做的"，或者"前面五个人被捆在铁轨上"）。其他所有陈述在字面上都没有意义。

这些没有意义的命题包括单调的道德判断，如"纳粹党用毒气杀死犹太人是错误的"，或者"英国人通过小伎俩改变'小飞虫'的弹道的做法是合理的"。乍看之下，这一说法有些古怪：这两个命题听起来都有道理，至少第一个看似不证自明，不像是语言的杂乱堆砌，比如"弹道'小飞虫'耍花招英国改变合理的"，这简直就是胡说八道。那我们该如何理解道德陈述呢？曾经参加过维也纳学派讨论的英国哲学家 A. J. 艾耶尔给出了一个答案。[1]虽然后来他认为逻辑实证主义"最主要的缺陷在于几乎全部理论都是虚假的"[2]，但有一段时间他是逻辑实证主义的忠实拥趸。艾耶尔发明了被蔑称为"呸——万岁"的理论。[3]如果我说："纳粹党用毒气杀死犹太人是错误的"，最好的翻译就是"纳粹党用毒气杀死犹太人：呸"。同样，"英国人通过小伎俩改变'小飞虫'的弹道的做法是合理的"大致可翻译成"英国人通过小伎俩改变'小飞虫'的弹道：万岁，万岁！"

在菲利帕·福特事业的起步期，第二次世界大战集中营里遍布的极端恐怖依然存在，并且萦绕着她。那种认为道德陈述可以缩减成为观点和个人喜好，成为"我赞成"或者"我反对"，成为"呸——万岁"的想法，让她心生厌恶。

但福特不仅仅与"伦理情感主义"十分不合拍，也没时间研究另外一个哲学流派，这一哲学流派叫作"日常语言哲学"，曾经在20世纪五六十年代在牛津等大学中风靡一时。日常语言运动认为，在哲学问题被解决之前，人们应当首先注意语言在日常应用中的微妙之处。哲学家们花费时间解构我们在使用"失误"和"意外"[4]这两个词时表现出的细微差别。在演讲或者授课中发言的学生肯定会被问到这一问题："当你说……的时候，你到底想表达什么？"福特的学生称当时她尽职地讲授这种方法，但却没有全身心地投入，她之所以讲授这一方法，仅仅是为了让学生们通过考试。

福特不是天生的老师。她热情洋溢、善于鼓励，但令人生畏。她的脸长而高贵、声音圆润，据学生回忆，听起来"像一个贵妇"。[5]就第一印象而言，如果说她出身英国贵族，可能说对了一半。她的父母在西敏寺举行婚礼时，适逢一年中的盛大活动。她的父亲是第一次世界大战的英雄威廉·西德尼·本斯·彭桑切上尉，根据福特的描述，他的日常生活就是打猎、钓鱼和摄影。福特家的房子高大气派，但虽然她整日被家庭教师包围着，却几乎没受过正规教育，因为当时的文化认为女子教育既不可取也不值得（福特的字一直写得很难看）。当皮普得到在牛津大学就读政治学、哲学和经济学专业的机会之后，所有人都为之震惊，当时一个朋友安慰皮普的父母说："至少她看起来不怎么聪明。"[6]

福特从来不反感知识分子的架子，但大学把她从来自家庭的傲慢中解放了出来。她从不宣扬自己显赫的出身，但也从不掩饰。在英国对德宣战一个月之后，她的大学生活正式开始。在战争中，当大多数女大学生都用朴素的布料自己缝制裙子时，菲利帕的衣着却很时尚，而且始终"明显不是自己做的"。[7]她因此受到了她的经济学导师托米·巴洛格（后来成为巴洛格爵士）的青睐。巴洛格是一个聪明、盛气凌人、善于调情的犹太裔匈牙利流亡者，后来成为了哈罗德·威尔逊——富有魅力的"情绪法西斯主义者"[8]——的顾问。巴洛格有过多次恋情：据福特的教学搭档讲，皮普忍受了持续的爱情攻势，最后在巴洛格以浓重的口音向她求婚时拒绝了他。[9]

但菲利帕·福特的家谱只有一半是英国的：她母亲的家族

更为显赫。艾斯特在 1893 年生于白宫，是美国第 22 任总统和第 24 任总统的女儿。这听起来似乎是个逻辑谜题，因为从来没有女人担任过这一职务。但"第 22 任总统"和"第 24 任总统"的（用哲学家的话说）指代是相同的。民主党人格罗弗·克利夫兰是福特的外祖父，也是唯一一位两届任期不连续的总统。

福特痴迷于外祖父的人生经历（并且对外祖父也比较了解），但那些"过去"的事不是夸耀这种祖孙关系的理由。在公众场合，她更乐意提到父亲家的一位亲戚：伯纳德·彭桑切，一个板球运动员，他发明了板球最复杂的传球方法——外曲线球。

3.1 四人同居

战争结束后，菲利帕·福特说服了她就读的学院，后来成为女子学院的萨默维尔学院，再聘请一位哲学家——伊丽莎白·安斯克姆，她对电车学的作用虽然不直接，但至关重要。和福特一样，安斯克姆也没有博士学位：在当时，博士头衔是个耻辱，人们通常把它视作你不能直接胜任教职的标志。安斯克姆研究古希腊罗马文学，据说在答辩中，有人问她"关于你所研究的这段历史时期，你不想跟我们说点什么吗?"[10]虽然她的回答是"不想"，但仍旧获得了一级学位。她留短发、抽雪茄、用带杯托的茶杯喝茶、戴单片眼镜、穿长裤——甚至还有一条是豹皮的。她的声音如单簧管般甜美，但有时她却说出噎人的粗话。

福特和安斯克姆做了很多年的知己兼同事，共同怀有对主观主义的极端厌恶。福特的学生回忆，这两个萨默维尔学院的导师午饭后会回到公共休息室，分坐在壁炉的两侧进行冗长的哲学讨论。[11]福特经常说，安斯克姆教会她很多东西，而且认为她是自己生活的那个时代最好的哲学家之一。尊敬也是互相的：当年轻的毕业生托尼·肯尼来到大学城，安斯克姆告诉他，福特是他在牛津唯一应该关注的道德哲学家。

20世纪40年代后期，研究理论哲学的女性还很少见，牛津更是大男子主义的堡垒。所以那一代人中不仅产生了安斯克姆和福特，而且产生了艾丽斯·默多克（她在福特的鼓励下申请了附近的圣安学院的职位），这确实值得一提。英雄惜英雄，所以这三个人的学术和个人生活紧密地缠绕在一起也就不足为奇了。她们之间有争吵也有和好，有忠诚也有背叛，在一些哲学问题上达成共识，在另一些问题上分道扬镳。当皮普和艾丽斯在伦敦共居一室时，M. R. D. 福特是默多克众多的追求者之一。他后来成为了特别行动组（the Special Operations Executive）的著名历史学家，那是一个在第二次世界大战中在敌后工作的秘密组织。在战争中，他是一名英勇的特工，空降到敌后执行任务。他认为跳伞具有"强烈的感官刺激——除了和合适的人做爱之外，概莫能及"。[12]

当然，刺激和危险是并存的。1944 年，M. R. D. 福特被捕并险些丧命，就在那时默多克冷漠地抛弃了他而转向了托米·巴洛格。默多克后来开始憎恨巴洛格，称呼他为撒旦和"聪明得可怕的犹太人"。[13]但这件事让 M. R. D. 福特的内心受到了摧残。[14]默多克在回忆往事时写道，菲利帕在 1945 年嫁给 M. R. D. 福特，"十分成功地挽救了我的行为造成的后果"。[15]由交换伴侣引起的复杂情况让两个女人的关系紧张了好几年。默多克给福特的信中写道："失去你，而且以这种方式失去你，是我经历过最糟糕的事。"[16]

战争结束后，福特一家定居在牛津北部。这样的安排至少是个好的开端，尽管 M. R. D. 福特因为没有拿到政治学、哲学和经济学的一级学位而几乎被彻底压垮。皮普把这一消息告诉他之后，他的整个后半生都在做一件事，那就是扩充一个有过同样遭遇的人的清单。在 50 年代后期，菲利帕离婚了，她对此毫无心理准备并受到了很大的精神伤害。在 M. R. D. 福特的回忆录中，他用两行文字解释了原因："我一直渴望着要孩子，但她却不能生育。我感觉自己是个可怕的无赖，所以走出了她的生活。"[17]

离婚至少促成了福特和默多克的和解，如此一来她们把四角恋的每个角都连起来了，而且彼此之间还有过一段短暂的恋情。与此同时，福特和安斯克姆的关系却紧张起来。因为福特是无神论者，而安斯克姆却是个虔诚的罗马天主教徒，这一世界观的分歧越来越大，最终大到不能用共同的哲学兴趣来弥合。

尽管如此，她们的确有着共同的哲学兴趣和研究方法。除了一致声讨"呸——万岁"理论之外，安斯克姆、福特和默多克都关注着"美德"。在具体的道德困境中回答"我该怎么办"这一问题时，一种回答强调道德义务和责任：比如，说实话的义务。而另一种实用主义的回答则认为，行为的结果才是关键，不论这一行为是救了最多的人，还是产生了最多的快乐（人们认为是安斯克姆用鄙夷的态度将"结果论"这一词语引入了哲学）。但吸引福特、安斯克姆和默多克的第三种思维方式，在当时几乎被完全抛弃了，尤其是在牛津大学。由于受到亚里士多德和阿奎那著作的启发，她们强调品格的重要性。[18]一种行为之所以是好的，是因为它体现了一个正直的人的行为。这些品格包括自尊、节制、慷慨、勇敢和善良，据说福特把"诚实"作为首要品格。[19]

亚里士多德和阿奎那并不是参考的唯一来源，一位更近期、更有争议的人物也被频繁提及，那就是维特根斯坦。路德维希·维特根斯坦于1889年出生于维也纳，1951年卒于剑桥。他有着让人着迷的天才般的文风，再加上令人折服的魅力，这些都让他成为英美世界最负盛名的哲学家。

安斯克姆深受这个奥地利人的影响。在二战中，她到剑桥做研究员。维特根斯坦在战争期间先是在医院当搬运工，后来在纽卡斯尔的实验室当技术员，但他最终回到了剑桥教书。安斯克姆听了他的课程，并经常跟他进行长达数小时的谈话。他充满爱意地称她为"老伙计"。安斯克姆的作品风格特异，她很难被称作维特根斯坦的弟子——维特根斯坦也从来不收弟子——但其作品却深深地打上了维特根斯坦的烙印。当别人表达所谓的深奥思想时，她总是把这些思想潜在的荒谬性无情地公之于众。同安斯克姆辩论就如同被扒皮一样痛苦。

就像许多同维特根斯坦有过接触的人一样，安斯克姆开始拥有了他的特质，比如当她在研讨或授课中停下思考时那令人不安的沉默，双手如同老虎钳一样托着下巴的姿势，以及在激烈的哲学辩论中苦苦思索过的表达。据说她甚至还有了一点儿奥地利口音。有人发现了她认真得有些做作，但可以肯定的是她对哲学的态度十分严肃。维特根斯坦曾说服许多有才华的学生放弃哲学。但对哲学而言幸运的是，伊丽莎白·安斯克姆坚持了她的职业。她曾经对一个朋友，当时还没授勋的托尼·肯尼说道："我头脑中的思想无一不是维特根斯坦传授的。"安东尼·肯尼爵士后来补充说："我有时候会想，我头脑中的思想也无一不是伊丽莎白传授的。"[20]

安斯克姆把维特根斯坦的思想传给了福特。终其一生，福特发表了几本论文集，但只出过一本书，《先天的善》（*Natural Goodness*）。这本书开头就提到了维特根斯坦以及他在牛津做过的两次讲座中的一次。根据福特的回忆：

> 维特根斯坦打断了一个人的话。这个人意识到了他要说的事情尽管很迫切，但明显很荒唐，所以试图说一件更合理的事。维特根斯坦说，"停！说你**想**说的话。要**直率**，这样我们才能继续。"在研究哲学的时候，你不能排除或者整理那些原始的困扰着你的想法，而应该花时间去思考，这条建议在我看来很有用。[21]

维特根斯坦认为，哲学谜题本身是自然的，构成简单，只是由于观念的混乱才成为谜题，因此可以通过分析语言加以解决。哲学的目的是"告诉苍蝇如何飞出瓶子"。[22]福特认为这实际上是一种口头方法，指的是两个人进行治疗性的谈话，一个人试图解释某种深奥的真理，而另一个人则尽力揭示其肤浅。也许在牛津每天的饭后辩论中，她都把自己想象成那只被困的苍蝇，而安斯克姆是帮助她指引出路的人。

对维特根斯坦而言，很难想象有比电车学更为生僻的哲学分支了。一方面，维特根斯坦不相信哲学能够对道德有所裨益。更重要的是，关注于假设谜题的细枝末节，无休止地重新审视一大堆有着细微差别的情景，这同他的风格正好相反——他关注的是逻辑和语言的最基本问题。这能让我们猜到，如果福特看到她无意间开创的这一亚学科的蓬勃发展时，她会作何感想。

3.2 总统的学位

我们的哲学家们还在其他方面有着共同点。对她们而言，道德哲学不仅仅是抽象练习，局限在修葺整齐的中世纪大学的院墙之内，它有实际意义。她们关注世界上发生的事，并认为她们有义务这么做。这样的行为并非作为道德哲学家的专属，而是作为人类所应承担的普遍义务。

20 世纪 40 年代时，一小群人成立了一个饥荒救济的委员会，福特是成员之一。当时一张报纸上刊登了广告，为牛津中部百老汇街的一家慈善商店招聘分拣捐赠物品的志愿者，福特就去应聘了。这家商店接受人们捐赠的物品，然后再变卖。在成立初期，捐赠的物品甚至有假牙和一头活驴。[23] 现在这一组织已经有所发展，乐施会（Oxfam）在一百多个国家运营，并拥有 1 500 家店铺。

当时的政治是按照冷战的格局运作的，福特积极支持东欧的流亡者和移民，尤其是在 1956 年起义之后的匈牙利移民。1975 年，她和托尼·肯尼应邀赴南斯拉夫举办讲座。他们听到谣言说一个当地哲学家米哈伊尔·马尔科维奇在他们到达之前被捕，于是便起草了一份尖锐的抗议文件准备进行散发，并将其藏在行李中。当他们携带这一违禁品通过海关时，两个人都很担心被捕。但是他们的努力其实是多此一举——马尔科维奇博士就在前来欢迎他们的人群中。

安斯克姆也在时政的刺激下行动起来。这里举两个例子。1956 年，有人申请授予美国第 23 任总统（1945—1953）哈里·S·杜鲁门牛津大学荣誉学位。在许多事情上，西欧要感谢杜鲁门。在 1945 年接替罗斯福就任美国总统后，他见证了第二次世界大战的最后岁月。战后几年中，柏林空运突破了苏联对城市西部的封锁，马歇尔计划将大批资金注入这一地区进行经济重建，而且成立了北大西洋公约组织，为西欧国家提供了保护伞。

为授予荣誉博士学位进行投票通常只是例行公事。但由于授予人是杜鲁门，漂亮的17世纪建成的谢尔登剧院，也就是投票地点被围得水泄不通。安斯克姆写道，学术界听到了她反对这一行为的风声，于是他们如同"被鞭子赶着去投赞成票"。圣约翰学院的教授们说道："妇女们要在学位授予仪式上捣乱；我们得去制止她们"。[24]据一位目击者回忆[25]：

> 安斯克姆女士站起身，（在副校长允许她用英语发言后）发表了一篇慷慨激昂的演讲反对将牛津学位授予一个"按下了发射原子弹按钮的人"。

当时的《牛津邮报》报道，安斯克姆的行为引起了"轰动"。[26]国家级的报纸也报道了她的行为。在去掉多余的修辞后，安斯克姆问道："如果你非要授予这个荣誉，那么尼禄、成吉思汗、希特勒或者斯大林是否也该得到这一荣誉？"

美国人把1945年8月投放到广岛的原子弹叫作"小男

孩",把三天后的 8 月 9 日投放到长崎的原子弹叫"胖子"。这两枚原子弹当时共造成150 000~245 000 人死亡,辐射在之后几年中又造成数万人死亡。杜鲁门说,他下令投放原子弹——这是在历史上唯一一次使用核武器——是为了让日本投降以让战争早日结束。一周之内,裕仁天皇宣布了日本的投降。

安斯克姆认为,把杀死无辜的人作为达到目的的手段就是谋杀,对于那些将杜鲁门的这一决定评价为"富于勇气"的言论,她感到不解。她对聚集的学者们说道:"有人会说,杜鲁门先生在做出这一决定时表现出了很大的胆识,但我想知道他会丢掉什么。我想说的是,他会丢掉一件东西,那就是牛津的荣誉学位。"

很多不确切的记录记载了投票时发生的事。牛津大学的档案表明,当时没有官方统计,是否授予杜鲁门荣誉学位的提议由人们高喊"支持"或"反对"来决定。事实上,至少有另外两个人支持安斯克姆[27],那就是菲利帕和她当时的丈夫M. R. D. 福特。菲利帕同安斯克姆同样有着对炸弹的恐惧,但她的丈夫却认为向广岛和长崎投放炸弹缩短了战争并拯救了许多人,因此是完全合理的,他之所以支持安斯克姆只是出于个人忠诚。[28]安斯克姆后来写的一本关于"杜鲁门先生的学位"的小册子就献给了那些说"反对"的人。

安斯克姆对杜鲁门按下原子弹按钮感到愤怒，其全部原因都围绕"意图"这一观念展开，并将在接下来的章节中进行讨论。杜鲁门是故意要杀死无辜的平民吗？了解她对意图的剖析是帮助我们理解她对其他道德问题所持观点的钥匙。虽然安斯克姆在杜鲁门问题的立场上得到了福特的双手赞成，但她们在性问题——具体而言，关于避孕和堕胎——上的看法却针锋相对，这一分歧导致了她们之间的决裂："[安斯克姆]是比罗马教皇更加狂热的天主教徒。"福特说。[29]

在动荡的 60 年代，那个女权觉醒和性解放的年代，安斯克姆激烈地为罗马天主教会禁止避孕的教义进行辩护，并积极支持已婚夫妇要进行有规律的性生活。当乐施会在发展中国家推广计划生育政策时，她与福特起了争执，并撕毁了她的乐施会入会通知书。她十分随意地使用"谋杀犯"一词，不只用来称呼杜鲁门总统，而且用来称呼几乎所有选择堕胎的妇女。

堕胎的道德问题引起了哲学家之间的激烈的争论，福特和安斯克姆都曾就这一问题写过哲学论文。当然，对堕胎行为的判断在一定程度上仍有争议，然而在大多数发达国家，堕胎在法律层面已经得到解决了。然而当初在福特将她的哲学辩论技巧用到这一问题上时，情况却并非如此。美国要等到 1973 年里程碑式的"罗伊诉韦德案"后才能确定妇女在堕胎上的权

利，但英国国会在 1967 年 10 月就通过了堕胎自由法。也是在
这一年，菲利帕·福特在《牛津评论》上发表了她的文章《堕
胎问题与教条双重影响》（*The Problem of Abortion and the
Doctrine of the Double Effect*），正是这篇文章推动了电车学
的面世。

第四章　兰道夫伯爵的第七个儿子

[电车难题] 一个可爱又可恨的难题。

——J. J. 汤姆逊

　　兰道夫伯爵的第七个儿子在 1225 年初生于那不勒斯附近。这个叫托马斯的男孩不但具有杰出的才华，而且表现出了高尚的情操。在他看来，最高尚的两种品德是坚韧与节制，这两点在他的身上有多处体现。他的家人本想让他当一名本笃会的修士，但他却决定当一名多明我会的修士，这让全家都大为震怒。本笃会修士与世界没什么交集，而多明我会则认为不该生活在与世隔绝的修道院里，而应该去游历、弘法、传播福音，并依靠捐助生活。当时为了挫败托马斯的计划，兄长们在他喝泉水时抓住他，并把他押到家族的一个城堡中，一关就是两年。为了打破他禁欲的誓言，他的兄弟们把一个漂亮的妓女安排在他的住处。托马斯一见到妓女就跳了起来，从火里抓起拨火棍，逼迫她离开房间。[1]

最终他逃脱了囚禁，到德国跟随一个有才华的多明我会修士修行，正是这位修士培养了托马斯对亚里士多德的敬爱。后来托马斯在许多地方讲学，比如巴黎、罗马和那不勒斯。他不论走到哪里，都身着多明我会标志性的白袍子和黑斗篷。直到1274年逝世之前，他一直笔耕不辍，对亚里士多德的许多范围广泛思想深邃的著作进行注释。

半个世纪之后，兰道夫家族的这个子孙将被封为圣徒。要成为圣徒，一个人就要在死后施展奇迹（以示他存在于天堂并能够拯救民众于水火）。而另一种受上帝垂青的标志就是在活着时施展奇迹。托马斯在制造奇迹方面并不出众，他更喜欢读书和写作，但仍然有几个人证实了下面的故事：在意大利，他弥留的最后几天里已经拒绝进食，但突然说想吃鲱鱼。很不幸，在意大利沿海根本没有鲱鱼。接着鱼贩带来了他经常贩卖的沙丁鱼，但当他打开其中一个鱼篓时，所有人的惊呆了，里面是满满的鲱鱼。

信徒们至今仍在图卢兹的圣徒墓祈祷希望获得消除痛苦的方法，并且笃信这个故事。甚至非天主教徒也敬仰圣托马斯·

阿奎那。许多天主教徒将其奉为天主教信仰的卓越神学家，而世俗哲学家也承认他在精神哲学、形而上学和自然法等方面承前启后的贡献。他的道德哲学著作至今仍有现实意义。尤其是他提出了区分战争正义与非正义的原则，并且是第一位将一个重要原则解释清楚的哲学家。阿奎那认为，故意的杀戮永远都是非正义的，但如果一个人受到威胁，而唯一能够救命的方法是杀死攻击者，那么这种杀戮在道德上是被允许的，只要杀戮的前提是为了自保，而不是取人性命。这就是双重结果原则（the Doctrine of Double Effect，DDE）的论点。[2]

4.1 不是一个结果，而是两个

菲利帕·福特是一个谨慎的知识开拓者。托尼·肯尼曾回忆道："她就像登山者，必须先确定她的脚已经站稳后才会迈出下一步。"[3]福特更善于自我否定。她曾说道："我一点儿都不聪明。说实话，我思考问题的速度很慢，但我确实对重要的事物有着敏锐的洞察。如果说最好的哲学家都是集聪明与深邃于一身，那么我还是更愿意拥有良好的洞察力！"[4]

在 1967 年的一篇开创性的文章里，她的哲学洞察力将她引到了道德哲学领域最具争议的层面中。这篇文章的全名是

《堕胎问题与教条双重影响》。在这篇文章中，福特拒绝将 DDE 作为谴责堕胎的武器。

DDE 最早是由托马斯·阿奎那提出的，福特对 DDE 的解释为"一个结果是人们可以预见到的其自发行为的结果，另一个结果是严格意义上的故意"。[5] 后来她还补充道："当提到'双重结果原则'时，我指的是有时候可以允许一件一个人并非直接故意的事情通过间接故意的方式发生。"之所以被称为**双重**结果原则，是因为一些行为存在两个共存的结果：一个是希望发生的结果，另一个是能够预见到但不希望发生的结果。

文学上的例子来自于尼古拉斯·蒙萨拉特的《沧海无情》（*The Cruel Sea*）。[6] 这本书以第二次世界大战中的大西洋战争为背景。讲述了一支英国商船队遭到了德国潜艇发射的鱼雷的攻击，许多船只沉没，海上有许多生还者等待救援。一艘英国巡洋舰的指挥官面临着一个抉择：在明知大爆炸会杀死生还者的情况下，是否发射深水炸弹炸沉德国的 U 型潜艇。他也知道，如果他不这么做，U 型潜艇将继续为所欲为，摧毁一艘接一艘的商船。最终，他发射了深水炸弹。在决定要炸沉 U 型潜艇的时候，指挥官预见到了但并非故意造成了生还者的死亡。

故意和预见的区别就是 DDE 的核心。天主教只在极少的情况下允许堕胎，在天主教的解释中，DDE 是其关键因素。大多数的堕胎行为都被认为是对胎儿的故意杀戮，但如果一个孕妇的子宫内有肿瘤，需要切除子宫以挽救生命，那其子宫中存在胎儿的事实就变为次要因素了。将子宫切除的目的不是要杀死胎儿（或者对胎儿造成任何影响），而是要治疗肿瘤。

DDE 不仅对天主教至关重要，而且在其他领域也广为流传。一些非教徒很注意地避免使用源自宗教的信条，这是一种天真的立场，因为大多数哲学家的贡献都是在宗教框架内作出的。然而，DDE 在道德常识中的重要地位能够缓和有神论者和无神论者之间的纷争。DDE 影响了法律、影响了医疗，也影响了战争的规则。法律区分了"直接"或"故意"的意图和"间接"意图之间的区别。在医疗领域中，一些情况下允许给垂死的病人开药以减轻其痛苦，在这个例子中，医生可以预见到但并非故意加速了患者的死亡。但是医生绝不被允许开药故意致患者死亡。在一些情况下允许在战争中瞄准军事设施，即使预见到这将造成一些平民的伤亡（即那个糟糕的委婉说法"附带伤害"）；而不允许故意瞄准平民。

可以给 DDE 一个更加准确的定义。通常认为它由四个部分组成，尽管这一提法并非被所有人接受。在下列情况中 DDE 开始发挥作用：

● 人们觉得这一行为与其造成的伤害互相独立，而行为本身没有错；

● 不论从手段还是从目的而言，当事人都想做好事而不想造成伤害，尽管他能够预见到伤害；

● 不造成伤害就不可能做好事；

● 造成的伤害同想做的好事相比并不十分严重。

瞄准一个军事设施的合理性解释了DDE的适用范畴。根据DDE，要使在预见到会伤及平民的情况下袭击军事设施合法化，那么必须满足下列条件：（1）袭击军事设施本身必须不是错误的。（2）袭击军事设施必须是有意的行为，而造成平民伤亡则是无意的。（3）如果不造成平民伤亡就不可能袭击军事设施。（4）平民伤亡的坏处和袭击军事设施带来的好处相比不能过于严重。

不论我们是否意识到，当我们每天面对从关乎生死的大事到鸡毛蒜皮的小事，需要做出支持或反对的判断时，DDE都发挥了作用。正如哲学家安东尼·肯尼爵士所说："让甲而不让乙当教授，因为甲比乙更优秀，但同时也知道这样会让乙生气，这和仅仅为了让乙生气而让甲当教授，肯定有区别——这两种情况我都见过。"[7]研究显示，多数人从直觉上认为DDE

很有吸引力（见第九章）。

然而，并不是所有人都信服。美国哲学家托马斯·斯坎伦认为，DDE 的支持者应该承担这样一种责任，即告诉我们为什么要认真看待该理论。"为什么故意为之的后果与仅仅预见到的后果之间应该有道德上的区别，关于这一点，至今还没有人给出令人满意的理论解释"。[8] 而且，对 DDE 也存在一种有实际意义的担心，就是它可能被用作逃避或者推卸责任的借口——尤其是代表国家做出行动时。如果国防部长下令对邪恶的敌人进行了一次非常有效的突袭之后却说："我知道轰炸会造成村民的伤亡，这令人感到遗憾，但这只是行动产生的小小的副效应。"我们是否该满意呢？

4.2 医院谋杀案

电车学的研究方法主要包括构想出许多"电车情景"并记录下显示出的（最好是）强烈的道德直觉，然后人们尝试着形成一条或几条看似合理的原则来统一或者解释这些直觉。这些原则必须本身具有一定的直觉上的合理性，不应该让人觉得牵强。一旦确定，这一原则就可以被移植到现实中解决真正的困境。

DDE 是用来解释我们直觉的一种可能的原则。为了在其文章中发掘 DDE 的正确性，菲利帕·福特描述了几个虚构的思想实验，其中一个是关于一个胖子的——但这不是作为本书主角出场的那个胖子。福特的思想实验中提到的胖子被卡在一个山洞里，他的头露出洞口，可以呼吸，但他后面有一队洞穴探险者，无法逃脱。福特写道："显然，正确的选择是坐下来等胖子变瘦；但哲学家们却安排了另一个场景，即洪水从洞里不断上涨。"[9] 你有一捆炸药，问题是，你能用炸药把胖子炸死吗？

电车只出现在了这篇文章的第二十三页。其实，在最初的形式里，这一思想实验与通常的描述在几个细节上与现在的版本有所差别。福特让我们想象，面对这一困境的人不是站在铁轨边的旁观者，而是驾驶交通工具的司机。更细微而具体的区别是，司机驾驶的交通工具不是火车，而是一辆无害的、缓慢行驶的电车（tram）。福特写这篇文章的时候，现实世界中电车已经基本被淘汰了。在人类发明的所有交通工具中，电车既安全又难以失控，尽管在过去的两百年间最负盛名的加泰罗尼亚建筑师安东尼·高迪，恰恰是于 1926 年在巴塞罗那被电车撞倒，并于几天后逝世的。（在被询问时，电车司机说他看到一个像流浪汉的人横过铁路——而当时已经没有减速的时间了。）但福特一开始构思的是"电车"，而不是"火车"，而当这个虚拟的思想实验被传播到大西洋彼岸的美国之后，故事中的交通工具变为了"美式电车"（trolley）——电车学由此而生（这对英国读者而言是个不恰当的字眼，因为他们印象中的trolley是在超市疯狂采购时塞满豌豆和洗衣粉的手推车）。

福特把她描述的情景（我们称之为"岔道"的场景，也就是似乎应该调转电车或者火车的方向来拯救五个人的性命，尽管这么做会牺牲掉另一个人的生命）与另外一些类似的情况进行了比较。这些情况大概如以下所述。想象一下，有一个病人需要一单位剂量的药才能活命，而另外五个病人每人只需要五分之一单位剂量的药就能活命：我们该怎么办？福特再次认为，可以为了救这五个人的命而让一个人死亡。现在来看看器官移植的案例。设想有五个重病患者，都需要器官移植。有两个需要肾脏，两个需要肺，一个需要心脏。如果今天得不到器官，他们就会死亡。幸运的是，一个有着匹配血型的无辜的健康年轻人来做年度体检。外科大夫是否应该把他杀死，把他的器官取出来救这五个垂死之人的命呢？一般我们会觉着这个提议糟糕透顶。[10]

我们将要遇到的胖子会使同样的难题更加戏剧化。问题在于，在以上这两种案例中，我们的道德反应为何不同——在与

"岔道"问题相似的案例中，杀死一个人来救五个人，在道德上可以接受，而在器官移植一类的案例中，则不能接受。这些模拟的思想实验中令人不安的问题在于，虽然大多数人能够对这些困境做出即时、强烈和不可动摇的反应，但却说不出为何会感觉如此强烈，他们也想说明差异，但很难能够提出强有力的区分原则。[11]

然而DDE似乎提供了这样一个原则。在岔道情景中，毕竟我们不希望杀死那一个人以换取另外五个人的生命，但在第二个情景中，由于那个健康的年轻人的器官能救五个患病的人，如果我们杀死了他，那么我们就表现出了一种故意杀人的意图。在岔道情景中，如果在你改变了电车行进的方向之后，铁轨上的那个人不知怎地挣脱了捆绑并在千钧一发之际得以逃脱，那么你会感到高兴，因为你不但避免了撞死那五个人，而且也没有让其他人因此受伤。但对于第二个情景而言，你需要他的死亡——如果他看到一个护工拿着棒子接近自己而起了疑心，从而成功地逃脱了，那就宣告了另外五个人的死亡。事实上，他的死亡是拯救五个病人性命的条件。

一会儿再说这中间的差别。福特认为，我们不需要依靠DDE来解释我们在这些情景中的直觉反应。她提出了另一种解释：我们既有消极的义务，也有积极的义务。消极的义务是不要伤害他人的生命（比如杀了他们），积极的义务是帮助他人的义务。在岔道情景中，面对困境的是司机（而不是旁观者），既然司机发动了电车，他必须做出的可怕选择就是杀死一个人还是杀死五个人，而前者较后者更为可取。但在医院情景中，虽然外科大夫有拯救五个病人的积极义务，但这一义务与不伤害健康人的消极义务相冲突，并且前者的力度不如后者强。

　　在后续的一篇文章中，福特继续强调她所认为的要点。在岔道场景中，当事人只是将一个已然存在的威胁的方向进行了改变。失控的电车是移动的威胁，我们能做的只是把它推到别处。但在医院情景中，通过剥夺一个健康人的性命，我们导致了全新的威胁。

　　这是一次不错的尝试，但是否正确呢？菲利帕·福特是否解决了她自己的难题呢？

第五章　胖子、环轨和转盘

要始终认识到个人才是目的，

不要为了达到你的目的而利用他人。

——伊曼努尔·康德

我就是他，那个大胖子，

往工人的啤酒里羼水的人……

——音乐剧

我不想当胖子，

因为人们会觉得我很好笑。

宁可当瘦子，

我很高兴地努力成为一个。

——伊恩·安德森，《胖子》

（由杰斯罗·塔尔乐队表演）

菲利帕·福特是电车学的开山鼻祖，而麻省理工学院的哲学家朱迪思·贾维斯·汤姆逊则将这一学说发扬光大。受到福特思想实验的震撼，她撰写了两篇影响广泛的文章作为回应，并以"电车问题"作为标题。[1]

第一篇文章包含了许多她原创的思想实验，这些实验的虚构的主人依次为阿尔弗雷德、伯特、查尔斯、戴维、弗兰克、乔治、哈利和欧文，他们都面临着生死抉择。阿尔弗雷德恨他的妻子，所以就把清洁剂放进她的咖啡里杀死了她。伯特也恨他妻子，于是他眼睁睁地看着妻子误把清洁剂当奶油放进咖啡里而没有制止她。虽然伯特有清洁剂的解毒剂，但他没给妻子，从而导致了她的死亡。

在第二篇文章中汤姆逊引入了出现在本书标题中的胖子。

福特曾经将讲述为了救五个人而牺牲一个无辜的人的岔道情景与杀死一个健康的人并用其器官救五个病人的医院情景进行过比较。通过引入另一个电车困境，汤姆逊让这一对比更加残酷。

这回你站在铁轨上方的天桥上，看到电车沿着轨道呼啸而来，前面有五个人被绑在铁轨上。这五个人能获救吗？当然，道德哲学家在救人方面又做了狡猾的安排。有一个大胖子正在倚着栏杆看着电车。如果你把他推下天桥，他会跌在下面的铁轨上。他过于肥胖以至于他的块头足可以让电车颠簸着停下来。悲哀的是，这一做法会要了胖子的命，但却会救了那五个人。

你会杀死这个胖子吗？你应该杀死这个胖子吗？

对这个人肥胖的描述并非毫无意义，如果电车可以被任何体型的人阻止，而你恰巧站在一个胖子边上，也许你该做的不是把胖子推下去，而是纵身跳过护栏牺牲自己。这是一个勇敢而无私的举动，然而在这个事例中，这可能是无用的举动：因为根据假设，你的块头不够大，不能让电车停下来。

尽管胖子的体型是这一思想实验的必要组成部分，而且尽管胖子是一个虚构的人物，一些人还是认为让人们关注他的体型有些欠妥。汤姆逊提到胖子的文章是在1985年发表的，当时学术界早已普遍认为对可能包含偏见性的语言需要慎重对待，尤其是当涉及种族、宗教、性别和性的话题时。然而人们并不认为过度肥胖的人是一个受到歧视的自我识别的群体，因此也就没必要进行语言审查。到2012年，英国一个议会机构提议，将管一个人叫胖子这种行为视为一种"仇恨犯罪"。在许多关于电车学的文章里，"胖子"一词经历了身体上或者至少是观念上的装扮：它被改成了"大块头的"人或者"很重的"人，或者腰围很大的人。还有，为了不让

图 5—1

　　胖子。你站在铁轨上方的天桥上，看到电车沿着轨道呼啸而来，前面有五个人被绑在铁轨上。这五个人能获救吗？当然，道德哲学家在救人方面又做了狡猾的安排。有一个大胖子正在倚着栏杆看着电车。如果你把他推下天桥，他会跌在下面的铁轨上。他过于肥胖以至于他的块头足可以让电车颠簸着停下来。悲哀的是，这一做法会要了胖子的命，但却救了那五个人。你会把胖子推下去吗？

那些容易受伤的人受到心理上的伤害，有人发明了一个十分近似的哲学思想实验，不需要提到潜在的受害者的肥胖特质。这回你站在天桥上，旁边是一个背着沉重背包的人。这个人加上他的背包能够让电车停下。当然，你肯定没有时间解下背包背在自己身上再跳下去。救活五个人的唯一方法就是把背包客推下去。

不论怎样描述——我还是使用传统描述方式中提到的"胖子"这个词——看起来 DDE 似乎还是有助于解释其中典型的道德直觉：我们可以在岔道情景中改变电车方向但却不能把胖子（或者背包客）推下去。根据之前的讨论，在岔道情景中你没有故意杀死铁轨上那个被单独捆住的人。但在胖子情景中，你**需要**这个胖子（或者背包客）落到电车和五个遇到危险的人之间。如果没有他，那五个人就会死。他是达到目的的手段，而目的就是使电车在轧死五个人之前停下来。如果这个胖子主动跳下去，那他做出了光荣的牺牲。[2] 但如果你把他推下去，那么你的行为就是把他当成了一件东西，而不是当成一个自主的人来对待。

同菲利帕·福特一样，汤姆逊也没有使用 DDE 来解释这两种情况中的区别，而是想诉诸"权利"观念。同福特一样，她也十分关注当时最具争议的问题——堕胎。她发表的有关此问题最著名的文章《为堕胎辩护》（*A Defense of Abortion*）[3]中，已经采用了权利理论。该文章描述了这样一个场景：一天醒来时你发现自己躺在一位著名小提琴家旁边，你们两个人都被连接到了一台机器上。这位小提琴家患上了致命的肾脏疾病。在发现了只有你具有匹配的血型之后，音乐爱好者协会把你们两人连接在了一个装置上，以便你的肾也能被他使用。医务人员解释说，不幸的是，如果把小提琴家与该装置断开，他就会死亡，但不用担心，这种不便只会持续九个月，到时候他将恢复正常，你们二人就可以继续各自的生活了。汤姆逊认为，如果你愿意帮助小提琴家，说明你很善良，但他或者医院都**无权**要求你这么做。

同样，汤姆逊在胖子情景中也使用了权利观点。把胖子推下去侵犯了他的权利，但在岔道情景中把电车转向却没有侵犯任何人的权利。"如果我们本来可以让从天而降的负担落到一个人头上，而我们却允许它落到五个人头上，这在道德上是说不过来的。"[4]通过把电车转到岔道上，旁观者不仅把受害者的数目最小化了，而且将"已经对人们构成威胁的事物所导致的死亡数目"也最小化了。[5]

注意这与福特论述的相似性，福特认为在岔道情景中人们只是改变了既存威胁的方向，而把胖子推下去则产生了全新的威胁。这一理论似乎合理：它似乎在道德上有些分量。但是一个电车学家[6]坚称这站不住脚。为了反驳这一理论，她提出了转盘场景。[7]

在转盘场景中，通过把一个转盘旋转180度，你可以拯救五个人，但这将把另一个人直接放在电车的必经之路上。这一情景的发明者说，尽管如此，还是允许转动转盘。虽然这样做并没有改变既存威胁的方向；但对于要死亡的人而言，它的确产生了全新的威胁。

你可能没有那种直觉。如果你有，那么寻求我们在胖子情景和岔道情景中的其他直觉的努力就要继续。那么DDE作为一个答案，究竟错在哪里呢？汤姆逊为什么不用它来解释自己描述的场景呢？这是因为她发明了另一个叫作环轨情景的电车问题。

在岔道情景中，你面对了一次急迫而且痛苦的选择：是否要把电车引上岔道。现在离那次可怕的经历已经过去几周了。当时，你做了正确的决定：你改变了电车的方向。在这几周里，工人们延长了岔道，让它绕回了主干道。你再次去散步，发现自己身处另一个噩梦之中，只是与上一次略微不同。在环轨情景中，电车正朝着五个人驶来，这五个人恰巧都瘦得皮包骨。如果被电车撞上，他们肯定会死，但五个人加起来的重量

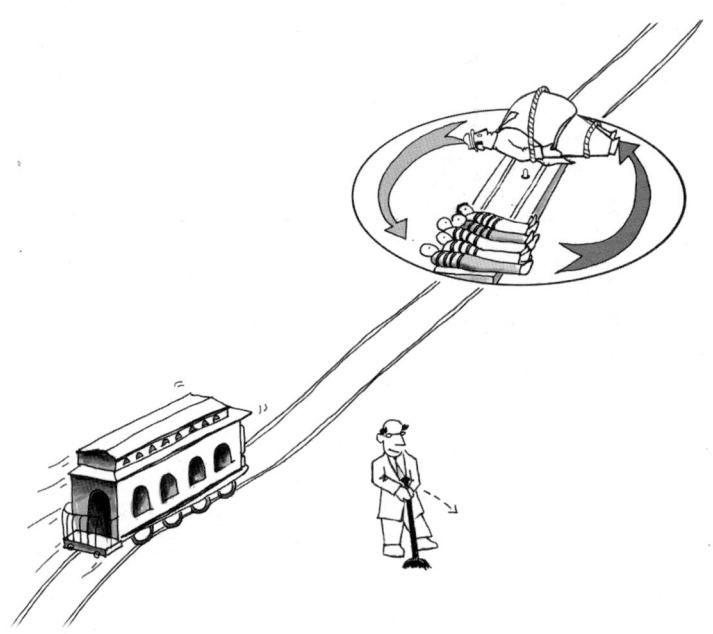

图 5—2

　　转盘情景。在转盘场景中，通过把一个转盘旋转 180 度，你可以拯救五个人，但这将把另一个人直接放在电车的必经之路上。你会转动转盘吗？

会让电车停下来。你也可以把电车引上环轨，一个胖子被绑在上面。他一个人的重量就能够让电车停下来，阻止它继续沿着环轨行驶轧死那五个人。下面是关键所在。在岔道情景中，如果那个被单独捆住的人逃脱了，那么——用德国哲学家戈特弗里德·莱布尼茨那富有讽刺意味的话说——再好不过了。[8]但在环轨情境中并非如此。在环轨情境中，如果岔道上的那个人逃脱了，五个瘦子就会被轧死：这回你需要用他的死来救五个人的命。因此撞死这个人自然成为了你计划的一部分。

汤姆逊写到，尽管如此，既然我们认为在岔道情景中改变电车方向即使不是必须，也是被允许的，那么在环轨情景中，这么做也必须同样被接受。因为，她分析道："我们不能认为，那段最终绕回了主干道的铁路是决定当事人行为是否符合道德标准的决定性因素。"[9]

如果汤姆逊是对的，那么DDE就不能再合理地解释岔道情景和胖子情景之间的区别了。[10]在环轨情景中，我们不仅预见到了胖子的死亡，而且我们需要胖子的死亡，我们甚至计划好了他的死亡。在环轨情景中改变电车方向违反了DDE。

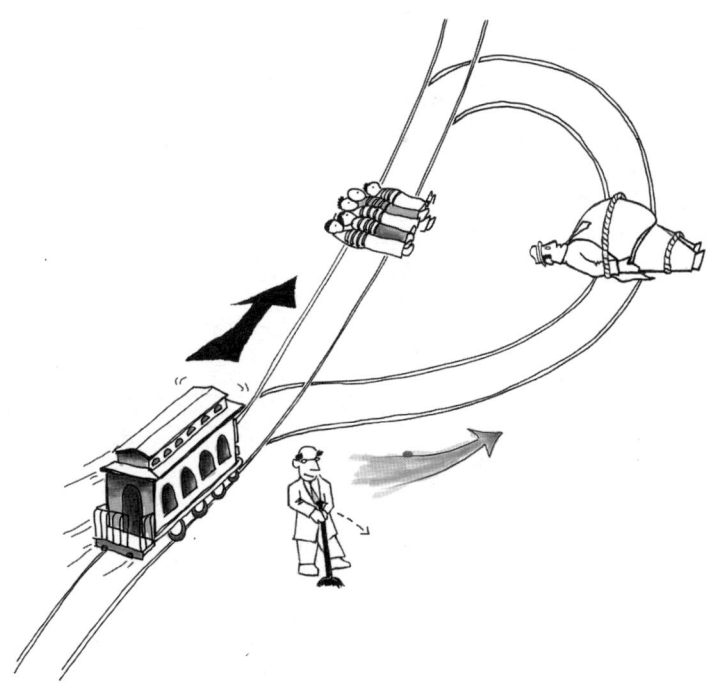

图 5—3

　　环轨。电车正朝着五个人驶来,这五个人恰巧瘦得皮包骨。如果被电车撞上,他们肯定会死,但五个人加起来的重量会让电车停下来。你也可以把电车引上环轨,一个胖子被绑在上面。他一个人的重量就能够让电车停下来,阻止它继续沿着环轨行驶轧死那五个人。你会把电车引上环轨吗?

　　所以看来我们又迷失了方向。我们定义了一个普遍直觉，即：有时候尽管能救五个人，但为此而杀死一个人的行为也是错误的。我们能把这一直觉总结为原则吗？这么做的努力把我们带回到了18世纪时的柯尼斯堡，它位于普鲁士遥远的边疆地区。

第六章　嘀嗒的时钟和柯尼斯堡的哲人

在人性的扭曲木材中

从没有正直的事物。

——伊曼努尔·康德

在秋假到来前的最后一天，一名 11 岁的男孩被绑架了。人们最后一次看见他时，他在回家的路上，正在从 35 路公交车上下来。他现在已经失踪 3 天了，人们觉得他有生命危险。警察逮捕了主要嫌疑人，他是在拿到了 100 万欧元的赎金后被逮捕的。留在男孩家门前的纸条提出了支付赎金的要求，赎金也按照约定的方式在周日夜间被放在了一个电车站。这个人没有释放人质，而是开始大肆挥霍这 100 万欧元：他预定了国外的旅游，又买了一辆奔驰 C 级轿车。

警方十分确信他们抓到了罪犯——一个高个子、大块头的正在研读法律专业的学生，之前他曾被雇来给孩子做课外辅导。现在警方亟须找到被绑架的孩子。他们不清楚需要多久才能找到他。他是否被锁在地下室，没有水和食物？对嫌疑人的审讯开始了：时钟嘀嗒、嘀嗒地响。与此同时，警方出动了一千名警力，还有直升机和追踪犬，结果无功而返。七个小时的询问过后，嫌疑人还是没有交代男孩的下落。

负责的警官给审讯人员写了一条建议：他们应该威胁对嫌疑人实施酷刑。他们告诉嫌疑人，他们请了"一个专家"，这个人能让嫌疑人疼痛难忍，直到他们得到所需的信息为止。

嫌疑人妥协了，交代了关押男孩的地点。

6.1 一盆冷水

这是一起 2002 年发生在德国的绑架案。绑架者名叫马格纳斯·盖福根，是一个年龄在二十五六岁的法律专业学生。受害人叫雅各布·冯·梅茨勒，是一笔巨额财产的继承人：他的父亲经营着德国最古老的家族银行。

这个故事的结局并不好。盖福根在恐惧、压力和恐怖的酷刑面前，告诉警方雅各布在法兰克福附近的一个湖边。当警察赶到时，他们发现了男孩的尸体。他已经遇害，被塑料包裹着装进了麻袋，身上还穿着人们最后见到他时的蓝色上衣和土黄色裤子。

这一案件闹得满城风雨，不只因为雅各布出身名门，更主要的原因是嫌疑人被酷刑审讯的事浮出了水面。法兰克福警察局的副局长沃尔夫冈·达什内尔，也就是提出了施加"酷刑"建议的那个人，接受了许多媒体的采访。他辩解称当时面临着艰难的抉择，他说："我可以不采取任何措施，等着盖福根最终决定说实话，但那时孩子可能已经死了，而我选择使用一切办法阻止悲剧发生。"[1]

酷刑的威胁，显然不只是说说而已。他们请来了一个武术教练：警察认为他能让嫌疑人感到疼痛，但又不至对其造成长期的身体损害。

有人对达什内尔的行为表示愤慨。绿党的一名议员说道："假如你打开窗户，哪怕只是一条缝隙，中世纪的冷空气就将充满整个房间。"[2]但是也有声援达什内尔的声音，民意调查显示，多数德国人都认为，如果能救人一命，威胁是合理的手段。在法庭上，当盖福根的律师试图利用警方不得使用酷刑对嫌疑人造成威胁这样的规定驳回指控时，旁听席的人们发出了一片抱怨声："难以置信，他到底想要为这个人争取多少权利？"[3] 在人权组织的喧嚣中，达什内尔辩解道："没有一个人告诉我当时该怎么做。"[4]

6.2　无害区

没有道义论就没有电车学。

道义论认为，有些事情是不该做的，比如酷刑。我们无法从绝对客观的角度审视道德。个人的幸福不该被打散、溶解到一大锅被称为"大众幸福"的汤中。我们不能把一个人刑讯致死，即使这样做会挽救五条人命——即使从功利主义的角度出发，这一行为会为大众的总体幸福作出贡献。一些道义论者也是绝对论者——对他们而言，酷刑永远都是非正义的。但多数人同意在一些情况下道义论的束缚可以被打破，比如当地球的未来受到威胁时。

历史上，道义论最重要的精神领袖是生活在 18 世纪的柯尼斯堡（当时是属于东普鲁士的一座城市，现在是俄罗斯的飞地，重命名为加里宁格勒）的伊曼努尔·康德。康德不仅在伦理学领域，而且在诸多哲学领域都作出了重要贡献。他是史上最伟大的形而上学哲学家之一——这类哲学家关注的是我们的知识和对现实的理解的限度。

既然康德如此著名，人们可能会以为他的传记会压得图书馆的书架嘎吱作响。其实没几本这样的书，因为康德的生活非常规律和平淡。他就读于柯尼斯堡大学，后来在那里教书。有关他在柯尼斯堡的生活记录并不多，其中还包括一个可能是杜撰出来的故事。传言称柯尼斯堡市的居民通过康德的活动来校对时间——他每天下午 4：30 散步，沿着大街来回走八趟。他唯一一次迟到（据另一个可能是杜撰的故事记载）是因为收到了一本卢梭写的关于教育的小册子——《艾米丽》（*Émile*），因为他读书时太过着迷和投入而忘记了时间。

康德认为，人不能仅仅被当做是达成其他目的的手段。这一点在他提出的"定言令式"（*Categorical Imperative*）阐述得最清楚。定言令式是一条适用于任何时代、任何情况、任何场合的绝对道德要求，所有其他的义务和责任都由此产生。康德认为定言令式只要通过我们理性的锻炼就能得到。定言令式的第二种形式指出，我们永远不能"仅仅把人作为达到目的的手段，而始终要将之作为目的"。

这一观念说来容易，但要在现实或者虚拟的具体事件中搞清楚它的含义却很困难。尽管如此，其影响却十分广泛：如果没有康德，现代人权运动就无法萌芽（最讽刺的是，纳粹战犯、负责将犹太人赶入集中营的阿道夫·艾希曼，在 1961 年的耶路撒冷审判中也引用了康德的定言令式这一理论为自己开脱）。[5]

菲利帕·福特是最早试图具体解释为何要把人类包裹在道德"蛋壳"（一个既神圣又不可侵犯的保护罩）里的人之一。

> 拒绝为了多数人的利益而牺牲一个人的利益的道德原则的存在为每个个体提供了一种道德空间，一个不**允许**他人侵犯的空间。一个人不希望灾难——巨大的灾难——降临到另一个人身上，即使这能使**更多**人免于同样的灾难，这样的原则并不晦涩难懂。这看似定义了一种人类之间的团结，仿佛在某种程度上没人会**站出来反对**他人。[6]

如果存在某些绝对道德准则——也就是告诉我们一些行为永远是错误的，永远不会被允许——那么其中之一肯定就是禁止酷刑。

6.3　时钟与陈词滥调

将道德哲学领域的一些文献浏览一遍，你就会听到时钟嘀嗒的噪音。嘀嗒时钟情景是伦理学家们辩论是否应该允许酷刑时比较喜欢的情景。一个恐怖分子被抓获：你知道他在一座大城市的某个角落安装了一颗炸弹，两小时后就会爆炸。如果你不用酷刑让他说出来，恐怖分子不会告诉你炸弹的下落，那么数千人将会因此而丧命。你该怎么办？

9·11事件之后，世界上出现了一些以滥杀平民为目标的恐怖分子，让情况变得更加明显，原本只存在于伦理辩论中的嘀嗒炸弹情景有了现实和公共意义。一位著名的法学教授，艾伦·德肖维茨，写了一本书，他在书中提倡在一些极端情况下政府应当授予审讯者"酷刑许可"的观点[7]，此言一出，自由派舆论一片哗然。自那时起，媒体曝光了一些酷刑丑闻，例如对基地组织间谍哈立德·谢赫·穆罕默德动用水刑，他被认为是9·11暴行的幕后策划者。

作为对嘀嗒炸弹情景的回应，道义论者提出了五种说法。

第一，有人否认嘀嗒的炸弹情景反映了任何可能的实证现实。在现实中，威胁通常不是迫在眉睫的，没有具体期限，威胁也并非不可避免。在现实中，我们不能肯定会有人丧生。而且，酷刑也许会无效，或者适得其反——带来虚假的供词。也许会有其他的合法方式可以被利用以获得可靠的信息，或者通过其他途径解决危机。[8]

第二，一些道义论者全盘接受绝对主义的逻辑结论——他们继续否认酷刑的可容许性而不管这能够拯救多少人。

第三，这可能是一条普遍的看法，即一些道义论者认为，如果不对某人实施酷刑的后果确实是灾难性的（比如，导致数千人丧生），对酷刑的限制可以被打破。

第四，一些道义论者觉得，如果酷刑是唯一能够获得关键信息的方式的话，一个安放了嘀嗒炸弹的恐怖分子在道德上应当受到酷刑。换句话说，对这个人的酷刑可以不受限制。需要强调的是，这不意味着避免爆炸比道德准则更重要，而是，恐怖分子通过他的行为主动放弃了免受酷刑的权利，对他的酷刑是被允许的，哪怕他安放的炸弹仅仅威胁到了一条生命。[9]

第五，还有人坚持拒绝参与讨论，他们认为酷刑的合理性根本不该拿来讨论：仅仅提出酷刑的可能性已经反映了思想的病态和文化的堕落。正如一位哲学家所说："社会在某种程度上是由在这个社会中不可讨论的事情所定义的。例如，在我们的社会中，我们是否该把黑人当奴隶就是不可讨论的……我们认为不可讨论的事情就是我们认为不具有两面性的事情。"[10]一种观点认为，酷刑就是这样一个话题：一个只有一面的话题。

盖福根绑架案就是现实生活中最为接近嘀嗒炸弹这一老生常谈的情景的案例，尽管如此，两个事件的相似性也并不完全吻合：因为最后证明，对绑架者动用酷刑可能是徒劳的。雅各布已经被杀害，所以谈不上救人。但它很好地诠释了道义论和唯结果论伦理学的冲突。

这种冲突在文学中也很常见。欧里庇得斯的话剧《奥里斯的伊菲格涅亚》(*Iphigenia in Aulis*),就是围绕阿伽门农犹豫是否用自己的长女伊菲格涅亚来献祭展开的。如果他这么做了,阿耳特弥斯将不再捣乱,并停下阻止阿伽门农的舰队出港的风暴,让阿伽门农的部队进攻特洛伊并结束他们叛乱的威胁。伊菲格涅亚最终通过自我献祭的方式解决了这一困境。

在《卡拉马佐夫兄弟》(*The Brothers Karamazov*)里,陀思妥耶夫斯基让他笔下的人物伊万对着他的哥哥说了下面的话:

> 你直截了当地回答我:想象一下你在建造一座人类命运的大厦,目的是最终让人们幸福,给他们和平与安宁,但为此目的必须且不可避免地要折磨一个小小的生命(一个孩子),用她无辜的眼泪作为你大厦的基础——你会不会同意在这样的条件下担任建筑师?[11]

电车问题讨论的就是这种困境。电车学中引用的双重结果原则是明确的,用术语说,是非唯结果论的,因为它提出对于两种具有相同结果的行为可以进行区别。DDE 还有几个道义论的"孪生兄弟"。许多哲学家认为消极义务和积极义务之间、主动去做和被动允许之间(杀死和允许其死亡),以及作为和不作为之间存在区别。因此，菲利帕·福特称，因为不向慈善机构捐赠而没能救人一命不如杀死一个人那样恶劣："为了得到购买某种享受（比如一件高档的冬季大衣）的钱而去杀人，和为了同样的原因不向乐施会或者国际救助贫困组织捐款，我们不会认为这二者有相似之处。"[12]

不承认这种区别的人倾向于采用下面的策略来反驳。他们描述了一对案例，其中用到了上述的差异，但在其他方面都一样，而且没有一个思维正常的人会相信这对案例在道德上有显著的区别。

现在，来看看作为和不作为之间的区别。有人告诉我们，一些作为比一些不作为更坏。据他们说，杀人比不救人更坏。那么现在想象有两个人，史密斯和琼斯，如果他们的侄子死了，他们就能发财。一天晚上，史密斯趁他的侄子洗澡时偷偷地溜进浴室淹死了他，并使之看上去像一场意外。在另外一个案例中，琼斯也溜进了浴室：就在他准备要淹死他侄子的时候，他的侄子滑倒并撞到了头部，把自己淹死了。琼斯看着他死去。看来在史密斯和琼斯之间似乎并没有道德上的区别，虽然史密斯作为而琼斯未能作为（让他人死亡）。根据这对案例，我们现在能总结出，作为和不作为之间并没有根本的道德区别。[13]

这些例子被视为对作为—不作为和其他差异的有力驳斥。

如果这一驳斥成功，它将对人类产生深远的影响：据道德哲学家彼得·辛格称，它将使我们在没能救人性命时感到和杀人一样的负罪感。但那些坚持认为这些差异具有道德意义的人做出了巧妙的回答。他们说，不能仅仅因为这一差异**有时候**无关紧要，就认为它**总是**无关紧要。尽管我们觉得史密斯和琼斯同样有罪，那并不能证明在相同的条件下所有的作为在道德上都与不作为等同。

这一辩护被美国哲学家弗朗西斯·卡姆所赞同。[14]这一谜题从而演变成了确定何时一种差异有意义，何时没有意义——这就需要首先解释为何这一差异在一些案例中有道德意义，在另一些里面则没有。

6.4 透过卡姆序列的视角

史上最著名的因电车而死的人是加泰罗尼亚建筑设计师安东尼·高迪，因其华丽的新哥特式/巴洛克式的建筑风格而举世闻名。

他未完成的杰作——**圣家族教堂**——用其古怪到甚至有些恐怖的，像被宝石装点的巡航导弹一样的尖顶吸引了数百万游客。如果说有哪个哲学家的风格同高迪最为接近的话，那就是弗朗西斯·卡姆了。她是个夜猫子，在构思思想实验时能一直工作到凌晨。"我感觉像是进入了一个满是差异的世界，其他人或者至少是我之前没意识到这些差异。我被它迷住了，就像被一幅美丽的图画迷住一样。"[15]

在为那些决定我们应该和不该如何对待他人的原则寻找一种统一的标准时，卡姆提出了（也批判了）一些令人迷惑的巴洛克式的原则。原则的复杂性一层层地累积起来，其种类也变得多种多样。例如，有其他理由原则、情景互动原则、守信原则、工具理性原则、不相关货物原则、不相关需求原则、不相关权利原则，还有次要错误原则。我们不要忘了还有可允许伤害的不相关代替品的独立性原则（The Principle of the Independence of Irrelevant Alternatives of Permissibe Harm）和次要容许性原则（The Principle of Secondary Permissibility）。这二者非常重要，用其首字母来表示，即 PPH 和 PSP。

还有一大堆杂七杂八的法则。然而在其中，有一个需要强调，因为它体现了卡姆工作的独创性，那就是她提出的细微但巧妙的差异，也因为这一差异至少有着强烈的直觉吸引。她称之为三重结果法则。除了 DDE 中熟知的两个结果（即想要达到的结果和预见到的结果）之外，这一法则加入了第三个结果。她通过聚会情景来解释这一法则。

设想我要开一个聚会，可以让人们开心，尽管我知道聚会之后可能一片狼藉：杯子要洗、地毯要扫、红酒污渍要清理。我预见到，如果我的朋友玩得开心，他们会觉得欠我人情（不是什么好感觉）而帮我打扫。我决定举行聚会只是**因为**我预见到他们之后会帮我打扫。我举行聚会不是**为了**让我的朋友感觉欠我人情而帮助我。我举行聚会的理由是为了客人们能尽情欢乐。[16]卡姆得出结论说，我不想要我的客人们觉得亏欠。同样，卡姆指出，做某事**因为**它将**使**旁观者受到打击，还有做某事**为了使**旁观者受到打击，这二者之间是有差异的。

这个可爱的差异能够解释许多电车情境。[17]让我们引入一个新的案例来说明这一点吧——"一个还是六个"。

这次你面对的困境和岔道情景几乎一模一样，只是有一个区别。在岔道上的那个胖子后面还有六个人被绑在铁轨上。如果车撞到胖子，那么车将会停下来。既然允许在岔道情境中将电车转向，那么很自然的直觉就是在"一个还是六个"情境中同样允许这么做。但在岔道情景中，做出将电车转向这一决定的基础在于当时我们并没有将胖子置于死地的意图，因此，我们可以认为将电车转向的决定是合理的。作为合理的证据，我们可以想象，如果这个胖子成功逃脱，我们将有什么感觉：高兴地松了一口气。这可再好不过了。电车将驶离那五个人而且胖子也逃脱了。

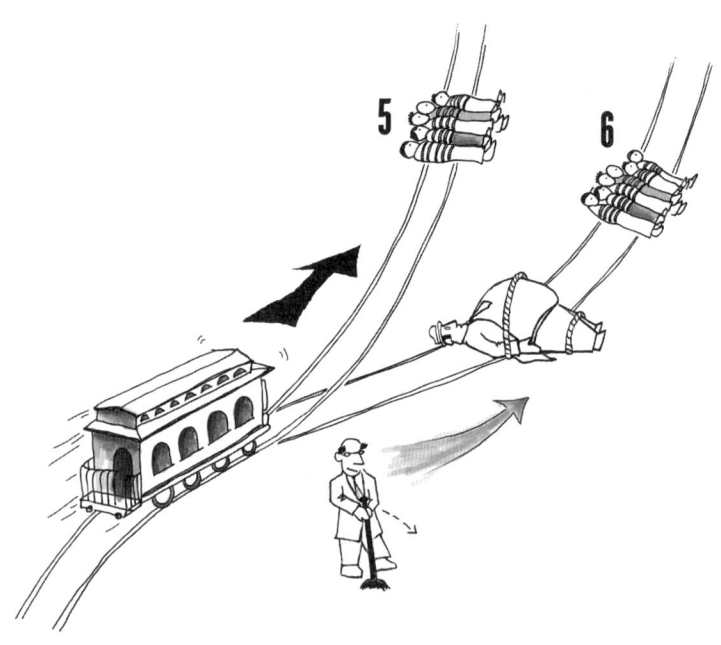

图 6—1

　　一个还是六个。你站在铁道边。一辆失控的电车朝你呼啸而来。前面有五个人被捆绑在铁轨上。如果你什么都不做，这五个人将被电车轧死。幸运的是，你身边有一个信号开关：只要扳动开关，就能让失控的电车跑上另外一条铁轨，也就是你面前的一条岔道。你看见岔道上绑着一个胖子：改变电车的方向肯定会让这个胖子送命。这个胖子后面还有六个人，也被绑在铁轨上。如果这个胖子被撞上，列车就会停下来。你该怎么办？这一事例来自哲学家大冢2008 年的著作。

但在"一个还是六个"情景中，我们不能这么说。在这里，我们想要而且需要电车撞上这个胖子。如果不这样，如果那个胖子逃脱了，电车就会继续前进并轧死六个人。除非它撞上那个胖子并因此而停下来，否则就没必要将电车转向。

那么这是否意味着，如果我们在这个情景中改变电车方向，我们**就是要**杀死这个人呢？我们能否因此推论，在这个情景中，改变电车的方向在道德上是不可接受的？这看来不对，尤其是因为撞死胖子并非作为救五个人的手段。我们将电车转向的目的不是要去撞胖子。

卡姆提出的差异来解围了。关于"一个还是六个"案例，我能说如果我将电车转向，我并非**为了**撞死胖子，而是**因为**这样做电车将撞上那个胖子——这为我们提供了一种解释。

与许多情景一样，关于"一个还是六个"情景的道德直觉判断主要围绕将电车转向的目的展开。或许我们应该试图说明我们所说的"意图"是什么意思。我们可以用一个菲利帕·福特最著名的亲戚所遇到的真实的电车难题来阐释这一难题。

第七章　铺就通往地狱之路

如果把我的胳膊抬起来这一事实从我抬起胳膊的陈述中抽离，那还剩下什么？

——路德维希·维特根斯坦

连狗都知道被踢和被绊倒的区别。

——大奥利弗·温德尔·霍姆斯

在 1894 年 6、7 月份，格列弗·克利夫兰脑子里既有私事又有公事。有人担心他的健康状况，也有人怀疑他得了恶性肿瘤。高兴的方面是他的家新添了成员。他年轻的妻子八个月前生下了第二个孩子——艾斯特。她是到那时为止唯一生于白宫的孩子（艾斯特最终将到英格兰定居，她的孩子菲利帕也将在那里长大）。同时，在七百英里外的芝加哥，总统面对着一个正在逼近而又非常公开的问题：劳资关系危机威胁着国家经济和社会的稳定。

那是一个铁路大发展的时代，而芝加哥是美国铁路之都。普尔曼汽车公司是美洲大陆最繁荣的公司之一。乔治·普尔曼——公司那位节俭的创始人——是美国最富有的公民之一。普尔曼是现代铁路系统的缔造者。他建造了卧车，以时髦和高端的设计而著名。他的一些列车提供由著名厨师制作的精美食物，乘务员也是随时听候差遣，大部分乘务员是解放的奴隶（在南北战争后，普尔曼成了非洲裔美国人最大的雇主）。人们认为乘坐普尔曼的电车旅行是一件极为奢侈的事。

但为普尔曼工作就不是什么享受了。人们认为他对铁路公司的管理风格有着慈爱的家长作风，其实这一名声本不该属于他。为了给数千雇员建造房屋，乔治·普尔曼产生了在芝加哥南部建造一座样板城市的想法（你现在还可以去参观游览这座城市）。这座城市拥有普尔曼认为必需的所有便捷设施——公园、商店、一所幼儿园、一座图书馆——全国的人都欢呼着称赞他为大恩人和梦想家。他自称像爱自己的孩子一样爱着这座城市，据说也有一些事物能证实这一点：比如，不错的医疗设施。但是在光鲜的外表背后，事实却很不堪。一些房子跟窝棚差不多，而且经常很拥挤。贫穷遍地横行。普尔曼像一个暴君一样统治着这个地方，从来不为慈善捐一分钱。他希望这座城市自负盈亏；所有的服务都要收费（包括使用图书馆）。唯一的小酒吧收费昂贵，为的是把工薪阶层挡在门外。没人征求居民的建议，也不鼓励提反对意见：根本就没有市民大会。租期快到了才通知，租房的人发现自己在普尔曼城里变得无家可归，从而穷人被成功地赶出了大亨们的乌托邦。

当 1883 年美国的国民经济急剧下滑时，普尔曼公司也不可避免地受到了严重影响。许多工人失业，没失业的人的工资大幅下跌，而他们的房租——自动从工资单中扣除——却没有变化。1884 年 5 月，一些工人成立了一个委员会要求公司降低租金。粗暴的拒绝引起了自发罢工，并使之一发不可收拾，接下来几个月罢工升级成了打砸抢烧的暴力事件。它代表了资本与工人之间、铁路工业与这个国家最强大的工会——美国铁路工会——之间愤怒的决战。克里夫兰总统将其称为"动乱"。[1]这一事件贯穿了他的总统任期。

由于工会成员开始抵制普尔曼的火车，伊利诺伊及其他地区的铁路系统都陷于瘫痪。这场工业动荡最终横扫了 27 个州。在一次极具争议的举动中——违反了伊利诺伊州长的意愿，并遭到许多美国人的痛恨——克里夫兰总统宣布罢工为联邦罪行并派遣了数千联邦军队（此事在之后得到了最高法院的支持）。白宫认为罢工威胁到了州与州之间的商业活动和联邦邮件传递。克里夫兰发誓说就算"送一张芝加哥的明信片要花光财政部的最后一分钱、用尽美国陆军的最后一名士兵，也在所不惜"。[2]

联邦军队的介入只起到了给罢工火上浇油的效果，工人们几乎马上开始掀翻和点燃火车车厢，甚至开始攻击军队。克里夫兰总统发表公告，解释说继续对抗权威的人将被视为国家公敌。军队有权"以容忍和克制的方式行事来达到预期目的"。[3]但克里夫兰也"警告"说，军队也许无法把罪犯同无辜的旁观者区别开来。

联邦军队得到了并不那么守纪律的州军队和执法官的支援。在6月上旬，暴力达到了顶峰。到罢工结束时，芝加哥有至少12人死亡，其他州还有40人在与军队的冲突中丧生。一个3人委员会迅速起草了一份681页的报告，反思哪里出了问题以及应当吸取哪些教训。

证明意图用不着开枪。

——《纽约时报》，1912年8月25日

意图在法律中到处都是——不只在刑法中（比如，需要区别谋杀和屠杀），而是在法律的所有形式中：税法、反歧视法、合同法，还有宪法。

毫无疑问，在"普尔曼罢工"中，军队杀死了暴徒。但更难的是确定他们的意图。他们是**故意**要杀人吗？我们如何确定他们是否故意呢？

有这样一个关于伊丽莎白·安斯克姆的故事，许多认识她的人反复说这个故事肯定是编造的。当时她在蒙特利尔，准备到一家昂贵的餐厅吃晚饭。领班说："对不起女士，这里不许女士穿裤子。"安斯克姆说："等一下。"然后她去了卫生间，几分钟之后再出现时，穿着一样的衣服，只是把裤子脱了。

这看似并非服务生所希望的。在日常对话中，我们很少对"想要"或者"意图"的意思产生理解困难。"伊丽莎白·安斯克姆去商店想要买一品脱牛奶"，一般不会引出这样的回答："你说想要是什么意思？"这看起来很明显。问：安斯克姆为什么去商店？答：买牛奶。事实上，意图是一个包含在层层复杂性之内的概念，而安斯克姆在她的开创性的作品《意图》（Intention）中试图把复杂性一层层地去除掉。[4] 意图和原因不同。如果有人问："你为什么跳到电车前面？"也许可以这样回答："我没跳，我被人推了一把。"如果一个行为是有意的，这句话就能说得通，安斯克姆说道，不要去问"为什么"，而应该期待着答案来解释这一行为对行为发出者的意义。

她之所以在这一概念上倾注如此多的学术精力，目的是为了清晰地理解其在双重结果原则中，以及在她所有运用到的 DDE 理论中（不论是在关于原子弹、堕胎或者使用避孕措施的辩论中）的作用。例如，她认为，在区分采取避孕措施的性行为和正常的性行为之间，意图起了重要作用。她说，前者的目的是阻止生育，因此是不道德的。任何不会导致生育的性行为，例如同性性行为，都该受到谴责。"如果允许采取避孕措施的性行为，那又怎么能反对交互手淫、鸡奸、兽奸、肛交呢？"[5]

安斯克姆开始把我们在语言中运用"intentionality"的不同情景进行条分缕析：例如作为副词（"这个人故意地推"），作为名词（"这个人怀着让那个胖子掉下桥的意图推他"），作为动词（"这个人意欲将那个胖子推下去"）。安斯克姆的大多数复杂讨论没有必要提及，但她是第一个指出以下事实的人，即一种行为在一种描述下是故意的而在另一种描述下则不是。一个人让胖子跌落天桥的行为，在"推那个胖子"的描述中是故意的，而在"伸展他的三头肌"的描述中却不是。当然，推胖子的人的确伸展了他的三头肌，但是说他**故意**要这么做听起来很奇怪。如果你要求他解释他的行为，他也不太可能回答说："我这么做是为了伸展我的三头肌。"

那么士兵们是想要杀死那些普尔曼罢工中的暴徒吗？没有士兵因此被追责。委员会报告的语气根本不同情受害者。报告写到，占领调车场和铁路的暴徒们"主要是地痞、妇女、外国下层人和应募的罪犯"。[6]被找来向委员会作证的人将军队描述成旨在"保护财产"或者旨在"维护法律"的正义之师。难怪当士兵被问到为何使用武器时，他们都这样回答："我想要维护和平"，"我是想停止暴乱"，"我想要防止对州与州之间贸易的干扰"。你朝人群开枪，怎能不想杀人呢？他们只是想伤人吗？他们只是预见到了杀戮但并不希望如此吗？

这里有一个深层次的问题，克里夫兰总统的外孙女，菲利帕·福特曾经在她原创的电车学文章中提到。她将其称作"近似性"问题，并提及了洞穴案例。回想一下，在洞穴中，水面正在上升，胖子挡住了你的逃脱出口，你有一根炸药能够为你和其他人开辟一条路，但很明显会终结胖子的生命。假设你使用了炸药，之后在法庭上声称你没有要杀死胖子的意图，只是想让他粉身碎骨而已。福特说，这将会"很荒唐"。[7] 把一个人炸得粉身碎骨与杀死他是一回事，在二者中做出区别很可笑。那么我们需要一个"近似性"的陈述确保这样的借口会在法庭上被一笑置之。但提供这样一个陈述被证明非常困难。毕竟如果高超的外科医生来到现场，宣称他们能把胖子缝补起来，你肯定会高兴。所以从这个奇怪的意义上讲，你确实不希望胖子死亡肯定是真的。

这同环形轨道情境类似。可以说，我们在将电车转向时，严格来说，不想杀死在环形轨道上的胖子。我们的目的仅仅是让电车在撞上他之后停住：如果列车在碰到胖子之后停下，而他奇迹般地活下来，然后大摇大摆地走了，连一根毫毛都没伤到，我们肯定不会追上去用棍子把他打死。我们想让这个人挡住列车，而不是希望他死掉。

但是，正如菲利帕·福特指出的，在现实生活中，被列车撞到就是被判了死刑。在撞人和杀人之间做出区别似乎是强人所难的。

7.1　再推一下

把近似性问题放在一边，正如我们所见，意图性可以区分岔道情景和环形轨道情景之间的差别。在《无源之见》（*The View from Nowhere*）中，托马斯·内格尔将一些种类的行为描述为"被邪恶引导"。[8]一种解释方法是采用逆向思维——思考"如果那样会如何"。例如，如果环形轨道上的人逃脱了会如何？内格尔写到，如果一个人被邪恶的目标所引导，"为达目所采取的行动必然紧随其后，准备好因环境变化导致行动偏离后调整追求的方向"。[9]

"如果那样会如何"的思考方式可以帮助我们思考意图性。比如，就以再推一下情景[10]为例吧。

在再推一下情景中，你可以把电车引到远离这五个人的环形轨道上。但是如果电车按现在的方式运行，会跳过轨道上的胖子，除非你再推一下扳手。如果它跳过了胖子，电车将转回来轧死五个人。唯一能够保证它撞上那个胖子的办法就是再推一下。如果你再推一下扳手，似乎很明显你就是打算撞上那个胖子。在两个环形轨道案例中情况也一样。

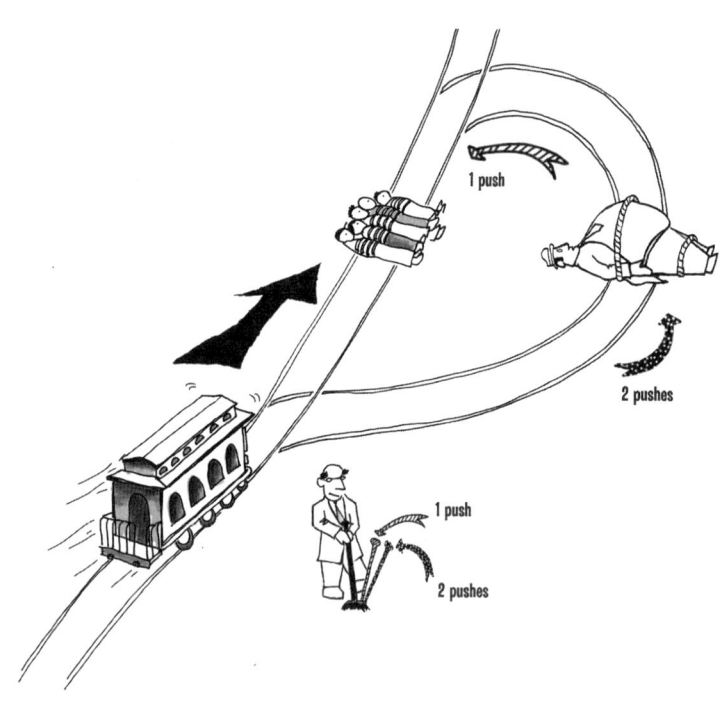

图 7—1

　　再推一下。电车正在朝五个人驶去，如果你什么都不做，这五个人就会死去。你可以把电车引到远离这五个人的环形轨道上，这里只有一个胖子。但是如果电车按现在的方式运行，会跳过轨道上的这个人，除非你再推一下扳手。如果它跳过了这个胖子，电车将转回来轧死那五个人。唯一能够保证它撞上那个胖子的办法就是再推一下。你会将电车转向，然后再推一下吗?

在两个环形轨道情景中，你可以把电车引到一条空的环形轨道上。如果接下来你什么都不做，电车会沿着环形轨道绕回来轧死五个人。然而，你能够再次改变电车方向，让它进入第二条只绑着一个胖子环形轨道。这将杀死轨道上的一个人但拯救五个人。

如果你将电车转向，不是一次，而是两次，来确保它撞上轨道上的胖子，那么宣称你不是**故意**让电车撞上他肯定很荒谬。[11]

7.2 诺布效应

意图的概念还会带来一种"并发症"，它由一场新的哲学运动带入了大众的视野，这就是"实验哲学"。如果我们试图确定一个人是否**故意**制造某种结果，我们可能会觉得所需要做的主要是构建那个人的思想状态，也就是弄清这个人想要的或者相信的事。一位年轻的哲学家兼心理学家，约书亚·诺布，向实验参与者介绍了下列两个案例——并得出了惊人的结果，这一结果现在被称作诺布效应。

案例1：一个公司的副总经理向董事长说："我们有了一个新项目。它将为我们的公司赚大钱，但同时会破坏环

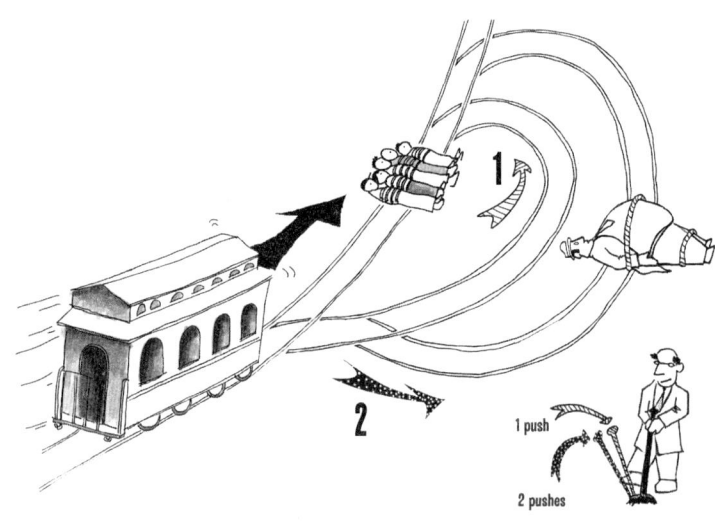

图 7—2

两个环形轨道。电车正在朝五个人驶去，如果你什么都不做，这五个人就会死去。你可以把电车引到一条空的环形轨道上。如果接下来你什么都不做，电车会沿着环形轨道绕回来轧死五个人。然而，你能够再次改变电车方向，让它进入第二条只绑着一个胖子的环形轨道。这将杀死轨道上的胖子但拯救五个人。你会将电车转向，不是一次，而是两次吗？

境。"董事长说："我认识到这个项目会破坏环境。我一点儿也不关心那个。我关心的是尽量多挣钱。所以，启动项目吧。"项目启动了，而且环境肯定受到了伤害。

案例 2：一个公司的副总经理向董事长说："我们有了一个新项目。它将为我们的公司赚大钱，同时也对环境有利。"董事长说："我认识到这个项目会对环境有益。我一点儿也不关心那个。我关心的是尽量多挣钱。所以，启动项目吧。"项目启动了，而且环境肯定受益了。

实验参与者们被提问：在这两个案例中，董事长是否**有意制造**对环境的影响。奇怪之处在于：当被问到第一个情景时，大多数人会说"是的，伤害是故意的"。但董事长在第二个情景中是否有意改善环境呢？大多数人认为不是。

这就怪了，因为这两个情景几乎一模一样。唯一的区别在于在第一个情景中，董事长做了件坏事，而第二个情景中，董事长做了件好事。诺布认为这表明了意图的概念与道德判断是分不开的。他认为，一般而言，这样的结果暗示着，我们应当颠覆性地思考对自己的看法。我们无法像只关注理想情境的科学家一样行事，他们试图从一种完全超然的视角解释世界。相反，我们对正在发生事件的理解"充满了道德考虑"：我们通过道德的透镜来观察世界。

如果经过前面这些讨论，意图的观念已经让你头晕目眩，那么你会从另一哲学分支中得到缓解。这一分支和作为不作为、主动被动义务、想要达到的和仅仅预见到的结果的这些细枝末节毫无关系。这一分支从一个人物那里获得了灵感。这个人身体里填满了稻草、秸秆、棉花和薰衣草（用来驱蛾），穿着夹克和白色皱褶衬衫，坐在伦敦市中心高尔街的商店橱窗里。一支昵称叫"花斑"的拐杖也放在橱窗里。如果这个人有了生命，就能够为胖子谜题提供直接的回答，他不会有痛苦和良心的纠结。对于功利主义的创立者而言，恰当的行为不需要证明。

第八章　用数量决定道德

最多数人的最大利益就是对错的准则。

——杰里米·边沁

他（边沁）不是一个大哲学家，但他是哲学的大改革家。

——约翰·斯图亚特·穆勒

杰里米·边沁（1748—1832）在遗嘱中要求，把他的遗体解剖用于科学研究。他对大学学院（University College）的许多创立者都很友善，大学学院是伦敦大学的一部分。在那里人们还能见到边沁所谓的"金身"，他的骨骼被保存下来。填充起来的身体有一个装着犀利蓝色眼睛的蜡制的头颅，头戴漂亮的阔边帽；而真正的头颅，由于经常被喜欢恶作剧的学生们偷盗，因此被锁了起来。有一个传说，说的是在过去的学院管理会议上边沁的"金身"会被人推出来,写上"出席但不投票"的字样,看来这不大可能是真的。

边沁死后古怪的状态与他生前古怪的生活如出一辙。在他对语言独特的使用上,也能看到与众不同之处。他不会说要在早餐前去散步,而是说他要在早膳前去周游。他非常喜欢一只老猫,并管它叫"尊敬的约翰·兰博博士"。

在哲学史上边沁拥有最奇特的"家谱",杰里米·边沁有一个叫作詹姆斯·穆勒的好朋友,而且他成了穆勒儿子的监护人,穆勒的儿子后来也成了一位著名的哲学家,也就是约翰·斯图亚特·穆勒。约翰·斯图亚特·穆勒的一个教子是 20 世纪最重要的哲学家之一,那就是伯特兰·罗素。穆勒对边沁的哲学有不同看法,尽管如此,他在赞扬边沁时将其描述为"他是那个时代主要的颠覆性思想家"。[1]罗素也是边沁的忠实拥趸。他把维多利亚时代英国许多更加文明的改革都归功于边沁。罗素写道:"毫无疑问,正是因为有了边沁,生活在上世纪(19 世纪)后半叶英格兰的人里有十分之九都非常幸福",之后又加上他典型的嘲讽:"他的哲学如此浅薄,以至于他可以将其作为对其行为的辩护。在更加文明的时代,我们能看出这样一种观点是荒唐的。"[2]

边沁认为,判断一种行为是否重要关键是看它产生了多少快乐和避免了多少痛苦。他叮嘱我们行事时始终要将快乐最大化，痛苦最小化。在他最具影响的著作《道德与立法原理导论》（*An Introduction to the Principles of Morals and Legislation*）中，他甚至为了计算这一结果而发明了一种运算法则，他称之为"幸福微积分"。吃掉你面前的这块巧克力蛋糕会带给你多少快乐，这种快乐将持续多久，以及是否会伴有不愉快的感觉（让你感觉恶心）。事实上，边沁定义了带来快乐的行为的七个要素：快乐的强度、持续时间、相似性、临近性（要多久才会感觉到快乐）、衍生性（它是否会产生相似的感觉）、纯洁性（之后是否会有痛苦的感觉）和延展性（它将影响多少人）。他把个人视为情感的集装箱：它们应该装有最少的痛苦，而装填在其中的快乐则越多越好。

最多数人的最大幸福是衡量一切事情好坏的标准。功利主义者可以用这一原则规划出任何局部和全国性事务的实际解决方案，不论是政治方面、社会方面、管理方面还是法律方面的问题。他的方程有着欺骗性的简洁和优雅，因此功利主义迅速吸引了许多处在社会高层的信徒。上议院大法官亨利·布鲁厄姆说道："法律改革的时代正是杰里米·边沁的时代。"[3]

边沁将功利主义视为一种科学，削弱了过去的不理智传统和迷信（包括宗教迷信）。统治者和立法者应当扮演机械师的角色，旋转和修补社会的电线、把手、旋钮和管道来使幸福最大化。功利主义具有进步性和前瞻性，并带有平等主义诉求：一个人的快乐同另一个人的快乐同等重要。评估法律和政府法案的方式应当是分别权衡它们的收益和成本，并将结果与不同的提议进行比较。据说，"他梦想着像牛顿和莱布尼茨为自然科学和数学所做的那样为道德和立法做些事情"。[4]

　　想要挑剔边沁在学术诚实性和一致性上的表现是不可能的，正是这些值得尊敬的品质让他提出了震撼那个时代的一些想法。既然关键是感觉、快乐和痛苦，那么我们应当既关注动物的痛苦也关注人类的痛苦。"问题不是判断我们观察的对象是否有理性，也不是判断他们是否会说话，而是判断他们是否会痛苦。"[5]如果性行为能带来快乐，那么性行为是在男女之间、在男男之间，还是在人兽之间，都不要紧（狂热的边沁还编造出了许多其他的组合），而且法律也应该自由地反映这一事实。他还提出了许多其他关于改革法律和改善政府的实用建议，这些建议或大或小，都是在追求幸福最大化需要的驱使下。例如，他提议最好对出生和死亡进行登记；而当时还没有这样的制度。

　　哲学的目的在于改变世界，因此边沁热衷于将功利主义传播到更远更广的地方。然而，他确实面对着一个自己制造的障碍：他的文风。他著述颇丰，并且创造了许多了不起的、有价值的新词（例如"国际"、"编纂"、"最大化"和"最小化"），但即便他最忠实的崇拜者也不会认为他的文风简洁易懂、才华横溢，并由此增加对他的崇敬。"啰唆"是更常用的一个形容他的作品的词，并随着他年龄的增加而日甚一日。当时对边沁的著作《审判证据原理》（*Rationale of Judicial Evidence*）曾有这样的评论："本书所展示的，用遣词造句隐藏真实想法的手段是如此成功，即便在内阁的外交事务文件中也难得一见。"[6]

功利主义在许多方面是英国特有的信条，至少在起源上是如此。英国迅速地中产化、物质化、颠覆化，越来越少地受到传统的羁绊。而边沁则加速了这些变化。但在欧洲其他地方，边沁主要通过他在日内瓦的编辑埃蒂安·杜蒙特对他作品的翻译而为人所知，杜蒙特为边沁作出了无法估量的贡献，不仅把他的语言由英语转为法语，而且从费解冗长转为明白晓畅。

与此同时，边沁也在有条不紊地为自己进行着公关宣传，他同许多政治家通信，从而使他的影响遍及欧洲大陆和南北美洲。一位历史学家说过："19世纪20年代中期的哥伦比亚国会议员在交流时对边沁著作的引用程度，就像18世纪英国下议院的人们对古典作家著作的引用程度一样。"[7]边沁对美国情有独钟，美国对边沁也是如此。在同安德鲁·杰克逊总统的信件往来中，边沁承认在晚年感觉"自己更像个美国人，而不是英国人"。[8]当时还没有成为美国总统的约翰·昆西·亚当斯在伦敦时，曾和边沁一起在公园散步。

边沁并不是美国政府体制的支持者。他批评《独立宣言》为"混乱和不确定性的大杂烩"[9]，把《人权宣言》批评为"披着永恒面纱的废话"。[10]边沁接受的是律师教育，终其一生，没有什么比法律上的不公、前后不一致和不连贯更能让他愤怒。他认为"权利"是胡说八道。重要的是，他粗暴地否决了"天赋人权"的观念——也就是任何时代任何人都享有的、不依赖于任何法律的普遍权利——把该观念称作"高跷上的胡说八道"。[11]边沁根本不理会对"胖子"权利的诉求。

边沁看重的是数字。其他条件都一样时，救更多的人总要好于救更少的人。这就是他成为坚决的反战人士的原因。他认为在大多数战争中，许多人被迫"为了满足少数人的贪婪和傲慢而互相谋杀"。[12]很难相信通过战争得到的东西能够使在战争中失去的东西变得值得。针对英国是因在七年战争（1756—1763）取得胜利而走向繁荣的论点他回答道："没错，一个失去了一条腿后伤口已经愈合的人，和一个躺在床上双腿残疾的人，前者的行进速度必定快于后者。因此你就能证明，英国因参与战争而进入了比参战前更好的时代，而法国进入了更糟的时代。"[13]

边沁认识到了在常识道德中认为"故意"和"预见到"之间有区别，或者如他所说，在"直接故意"和"间接故意"之间有区别。但他否认这二者之间有任何本质的道德区别。所以边沁不会在电车问题上考虑很久。假设所有生命都等价，那么杀死一个人，不论是否故意，都比要五个人死更可取。数字才是关键。死亡是否故意无关紧要，死亡是因作为还是因不作为而产生也无关紧要。我们必须忽略我们的道德直觉：在岔道情景和胖子情景之间不存在有效的伦理差异。胖子应该被推下去。

8.1　在快乐之外

在边沁逝世两个世纪之后，他的许多作品仍然被编辑出版，对边沁的研究又有所升温。但他的成就仍然被人们低估。人们认为他的世界观几乎粗鲁到了令人尴尬的地步，幸福微积分十分愚蠢，而将人生的价值缩减为"快乐"十分浅薄。他给胖子问题提出的迅速而明确的答案，在多数哲学家看来，是致命的错误，而不是优点。

但边沁是一个思想学派的奠基者,这一学派虽然不时尚,但直到今天还有着强大的附着力。约翰·斯图亚特·穆勒是一个功利主义者,伯特兰·罗素有着功利主义的本质。另外一位巨人,19世纪剑桥哲学家亨利·赛奇维克遵循功利主义的传统写作。在20世纪,功利主义还有一次短暂的统治,本次复兴的核心人物是牛津教授理查德·黑尔。今天,德里克·帕菲特和彼得·辛格等重要哲学家仍坦然地接受着来自边沁的影响。

自边沁以降,功利主义有许多次重要的微调,这些改善自然为功利主义者如何看待"胖子"的命运增添了几层微妙。其实,多数学生接触功利主义思想并非通过边沁,而是通过他的朋友詹姆斯·穆勒的儿子的作品。

8.2 穆勒的药片

边沁曾经是一个少年天才。他三岁读书,四岁学习拉丁文和希腊文,十二岁上牛津大学。但是同约翰·斯图亚特·穆勒相比,他还是有些黯然失色。

约翰·斯图亚特·穆勒的父亲詹姆斯是一个严厉、不动感情和专横的人。詹姆斯在苏格兰长大,到伦敦之后才与边沁结识。老穆勒有着自己的思想实验。他相信思想生来是一块白板。问题是一个人能够在这块白板上留下什么。如果你让一个孩子接受最严格的家庭教育——既涵盖自然学科也涵盖人文学科，那么你会创造出什么样的生物？能够开发出什么样的聪明才智、什么样的天分、什么样的技能？

詹姆斯·穆勒的思想实验同电车学的区别在于，前者能够在现实世界中进行考察。穆勒开始用高水平的知识教育他的孩子，这种方法在今天的社会服务部门看来无疑是虐待儿童。约翰·斯图亚特·穆勒三岁开始学希腊文和算数。[14]老穆勒没让蹒跚学步的孩子学习拉丁文，而是推迟到了孩子八岁的时候。到十四岁的时候，约翰开始高强度地学习逻辑和数学。他还通过阅读长长的书单上的书籍学习了历史和经济理论等其他学科。

所有的信息都有效地挤进了约翰的头脑，却无益于他的心理健康：二十岁的时候，他曾有一次精神崩溃。后来他对自由和自治的强调也许是对深受填鸭式教育之苦的童年充满敌意的反抗。尽管如此，至少从理论上而言，驱动他哲学研究的原则不是自由而是功利主义（一些学术性的笔墨被用于建立二者之间的联系）。穆勒评论他的监护人时说到，他的目的是"将反对荒唐的战争引入到实践中来"[15]，这条原则在穆勒身上似乎也有体现。当他阅读边沁的作品（法文版）并遇到功利的原则时，他说："它统一了我对事物的概念。我现在有了一种主张：这是一种信条、一个主义、一种哲学，用一个更好的词来表述，一项信仰。这种信仰的教诲和传播能够成为生命主要的外在目的。"[16]

一些人的天才表现在一个狭小的领域，而穆勒的天才表现在许多方面。他是一个逻辑学家、经济学家、19世纪最著名的英语道德哲学家和政治理论家。他还有时间担任牧师、随笔作家、辩论家、著名的女权倡导者和国会议员。

穆勒终生都对边沁感恩有加，而且像边沁一样也是个唯结果论者——认为一个判断行为正确与否的关键要看其结果。但他绝对不是边沁理论的盲目跟随者。穆勒所写的一篇评论边沁的文章对边沁的知识遗产和名誉造成了长久的损害。对边沁而言，一切快乐和痛苦都应被同等对待。在描述儿童游戏时他说道："抛开偏见不论，儿童针戏（pushpin）具有同音乐和诗歌一样的艺术性和科学性。"[17]如果儿童针戏能比诗歌带来更多快乐，它就该被认为具有更高的价值。

穆勒接受的教育太过精英化，因此无法容忍边沁的这一观点。而且在他精神崩溃之后，他开始大量阅读诗歌，这一艺术形式被边沁鄙视为边缘凹凸不齐的文字。对穆勒而言，一些形式的幸福高于其他形式。"做一个不开心的人比做一头开心的猪更好；做不开心的苏格拉底比做开心的傻瓜更好。"[18]穆勒认为，通过观察一个同时面对高级和低级快乐的人的选择，人们可以辨别什么是高级的快乐。他有一个令人感动的天真愿望，希望同样了解儿童针戏和诗歌的人会选择后者。后来，他更多地强调想象和情感，并且在回顾早年生活时写道："我认为，把边沁主义者比作推理机器的描述用在我生命中的两三年里也并非完全错误。"[19]

但是，除了区分两种不同的快乐，穆勒还对边沁主义提出了另外一个修正，这与胖子问题更加相关。每次在我们行动之前，如果我们都要考虑行为的后果，那将是灾难性的。一方面，这将耗费太多时间；另一方面，这将引起公众不安。最好能有一系列的规矩指导我们。[20]

因此，也许为了五个人，法官需要陷害一个无辜的人，但如果每个法官都不去挑战以这种滥用司法权利的行为，那么社会将运转得更加顺畅。如果我们要使社会福利和幸福最大化，"不要冤枉无辜的人"看似是法官应当遵守的合理规矩。如果我们认为法官愿意为了他们认为的更高价值的事物而不理会无辜或者有罪的区别，那么我们对整个法律体系的信任将不复存在。为了获得安全的感觉，我们要求国家机器前后一致，不要为了一己之私而制造例外。我们甚至不希望法官考虑陷害无辜这一选择，因为仅仅是考虑这一选择的行为都已经有损于司法体系的公正。

其他功利主义哲学家发展了这一思想。我们在之前讨论过的臭名昭著的嘀嗒作响的炸弹情景中该怎么做？思考一下，我们可以只通过对一个掌握相关信息的人进行刑讯逼供，就获得威胁到数千人生命的炸弹的消息，并从而拆除炸弹。亨利·赛奇维克（1838—1900）介绍了他所谓的"秘密道德（esoteric morality）"[21]，这一理论被英国 20 世纪哲学家伯纳德·威廉斯称为"政府大楼功利主义"（Government House utilitarianism）。[22] 显然，我们想坚持一个类似"禁用刑讯"的规矩，因为允许任何例外都将引起可怕的滥用。但是在实践中，在极端情况下，对某人进行刑讯逼供可能是对的，尤其是在对禁止刑讯规矩的违反能够不为人所知的时候。而且——听来颇有强权政治的味道——只有那些精英能够被信任做出符合功利主义原则的决定，而广大的"粗俗"百姓应当被灌输普遍教条，因为无法指望他们能够掌握功利主义那"不可避免的无限性和复杂性"的运算法则。[23]

因此，就功利主义原则而言，一些不适合在公开场合倡导的事物，在一些情况下却可能适合私下推荐；教导别人可能是错误的东西，公开教导一部分人则是正确的；在全世界面前做可能是错误的事，如果能够做得相对隐秘一些，则可能是正确的。[24]

在 20 世纪，理查德·黑尔是与菲利帕·福特同时代的一位双层功利主义的推动者。[25]生活复杂，时间紧迫，因此我们应满足于操纵一系列马虎的规矩，在总体上产生最好的整体结果。人们可以理解不杀害旁观者的规矩是合理的，不论这位旁观者是天桥上的胖子还是医疗中心的那个健康的体检者。即使医生们可以用谋杀一个有着稀有血型的人的方法来拯救五个垂死的病人，这也不足以抵消——用功利主义的话说——这一行为所引起的恐慌和紧张。如果你去医院探望生病的亲戚就可能被外科医生用手术刀切掉器官的话，那么这就非常令人不安了。因此，我们应该坚持马虎的原则。偶尔我们的规矩也会互相冲突：我们也许可以遵守一个规矩，但是以破坏另一个为代价。如果有人问你是否喜欢他的新发型，"说实话"和"不伤害人们的感情"这两条原则就可能会起冲突。当规矩之间存在冲突的时候，黑尔指出，你可以求助于你内心深处的功利主义裁判——用功利主义的话说是法官——告诉你这种情况下该舍弃哪一条。

8.3　疑虑之处

一个功利主义的电车学家本身就是一个矛盾的结合体。这一哲学分支——电车学——存在的价值，就是找到一个人或五个人死亡之间的区别。但功利主义认为这些案例之间没有本质区别，功利主义并不认真思考故意和预料，作为和不作为，做和允许做，消极和积极义务之间的区别。没错，对于人们为什么对杀死胖子或者健康的体检者感到不舒服，以及为何应当鼓励这种不适，功利主义有着冠冕堂皇的解释，它认为这在长期来看有助于普遍幸福。但既然思想实验终究是思想实验，功利主义者最终必须接受他们所在位置的逻辑，思想实验可以被重新修改，使功利主义者不能再诉诸规矩来解释问题。[26]

因此，想象一下一位功利主义的哲学教授站在"胖子"身边，他知道人们会以为胖子的死是一场事故。没人知道真相，这一事件也不会威胁社会稳定。再想象一下这位教授作为一个坚定的、头脑清晰的功利主义者，能够准确地预测他/她不会因为杀死胖子而感到不安。在这种情况下，这个教授可能会得出结论，杀死胖子是对的。

那些仍然因为在这种情况下为是否应该杀死胖子而感到犹

豫的人，可能会同意英国哲学家伯纳德·威廉斯的观点，那就是功利主义在根本上是有缺陷的。早在20世纪70年代，为了证明功利主义未能捕捉到我们生活中道德层面的问题，威廉斯提出了原创的两个思想实验。

第一个事例的主人公是乔治，第二个事例的主人公是吉姆。乔治是个称职的化学家但发现很难找到工作，但他需要养活妻子和孩子们。他的一个同事告诉他一家研究生化武器的实验室有一份收入不错的工作。乔治反对这种研究，因此他说不能接受在这样的地方工作。他的同事指出，如果乔治不接受这份工作，那么实验室将雇用乔治的一个同辈人，那个人将以大得多的热情推动研究深入。乔治该怎么办？

现在来看看吉姆的困境。吉姆来到南美一个小镇的中心广场。二十个印第安人排成一排被捆在墙上，面对着几名全副武装的人。武装人员的队长走过来开始跟吉姆聊天。他解释说，他在一次抗议政府的行动之后随便选了二十个人，并准备枪毙这些人以儆效尤。然而，既然吉姆是来自另一国家的贵客，他将给吉姆杀死一个印第安人的特权。如果吉姆接受，那么其他的印第安人将被释放。如果他不接受，所有二十个人都将被杀死。吉姆该怎么办？[27]

在乔治事例中，威廉斯希望阐释的是功利主义不算正直。

从功利主义的角度出发，一切都支持乔治接受这一职位。它将带来亟需的收入并且实际上减缓而不是加速生化武器研究。但威廉斯说，期望乔治仅仅出于功利主义微积分的计算结果就放弃他最深的信仰，这很"荒唐"。

吉姆的困惑同胖子事例更为接近。威廉斯认为吉姆应该杀死那个印第安人。但功利主义的问题在于如何评估这一行为，如何权衡行为的原因。对于功利主义者而言，明显杀死那一个印第安人就是吉姆应当做的：一条命换十九条命。但威廉斯说，这种论调忽略了一个事实，那就是一旦吉姆举起枪，那么就是吉姆杀的人。功利主义者，用哲学家的术语来说，不理会"媒介"。所有的功利主义者关心的都是**什么**能带来最好的结果，而不是**谁**带来的好结果或者好结果是如何产生的。不论结果是由吉姆的作为还是不作为产生的，都无关紧要。我们需要对我们没能做的事负责，就像要对我们做的事负责一样。但以下是我们通常看待事物的角度：如果吉姆不枪杀印第安人，我们就会认为是队长而不是吉姆要对这二十个人的死负责。在威廉斯看来，功利主义者错在认为他们能够从"宇宙的角度出发"判断行为。[28]

从自上而下的视角评估结果正是顽固的功利主义者认为我们应该做的。彼得·辛格是当代最负盛名的功利主义思想家之一。他认为我们该做的就是把胖子推下去，并且在这么做和在岔道情景中将电车转向之间别无二致。

对大多数哲学家而言，这一结论是功利主义方法的归谬法（reductio ad absurdum）。在他们看来这是有违直觉的，同时也带来了两个问题：在这些事情上，我们为何要看重我们的直觉和反应？还有，哲学家们在对与错的问题上有没有特别的权威？

要回答这些问题，即便不需要拆除哲学与其他学科之间的隔墙，至少也需要将隔墙变薄。

第二部分

实验与电车

第九章　摆脱扶手椅

如果你跟他说他是什么样的人

他就会变好。

——安东·契诃夫

哲学问题不是实验问题。

——朱迪思·贾维斯·汤姆逊

在一幅传统的讽刺漫画里，古板的哲学家坐在一件非常"具体的"家具里。他深邃的思维从静止的姿势中产生，但他坐的不是圆凳、长凳、摇椅、沙发、躺椅或者——恕我直言——装豆子的布袋或者折叠躺椅（虽然维特根斯坦曾让到他在剑桥大学的简陋房间找他的学生坐在折叠躺椅上）。哲学家坐在扶手椅上：扶手椅肯定又深又舒服，边缘有些磨损，在扶手上还有地方摆放一本书和用脏杯子盛着的一杯雪利酒。

正是这一漫画形象成为了一个新运动的标志。这一运动的标签像是公关公司设计出来的一样——x－phi——代表着"实验哲学",有着实证优势的哲学。近年来,有许多关于实验哲学的博客、期刊和书籍,大量的研究补助也被投入了这一领域。实验哲学运动的标志就是一把燃烧的扶手椅。

评论家们抱怨在实验哲学旗下开展的实验缺乏科学的精确性,因此不能被归为哲学。"大家担忧实验哲学就像基督教科学一样——既不是基督教也不是科学",一位批评者如是说。[1]我们之后再来讨论这些质疑。尽管如此,就哲学运动的时尚性而言,实验哲学目前的确是最"前卫的"。

至少自从生活在19世纪末、20世纪初的德国逻辑学家戈特洛布·弗雷格的著作问世以来,扶手椅哲学家的形象已经产生了一些现实基础。弗雷格把哲学视为一门只需要逻辑工具和观念分析的学科。那样一来,不用起身就能完成实践,这一点完全不同于拥有酒精灯的化学,需要档案的历史学以及需要调查的社会学。

哲学并非始终如此。直到近代,哲学才发展成为独立的学科。在历史上,哲学家们经常使用的是实证科学发现的成果。一些哲学家甚至自己动手实验——分类法的先驱亚里士多德,解剖了从甲壳虫到乌贼的各种各样的生物。[2]实验哲学运动宣称要回归先前的时代，那时候哲学的涵盖面更广，也没有同其他学科分离。实验哲学的一位领袖认为，实验哲学"更多的是一种复古运动，一种回归传统哲学的尝试"。[3]

尽管实验哲学曾大量借鉴社会心理学文献，但最近大部分实验哲学使用了一种新的方法——通过调查来解构日常直觉。面对一系列的真实或虚构的情景，哲学家们并不讳言他们的反应就是所有头脑正常的人的统一反应。"我们都同意……"，他们会说。朱迪思·贾维斯·汤姆逊给出了一个典型的例子。想象一下五个住院的人命在旦夕，不是因为他们的病，而是因为他们房间的屋顶就要掉下来并砸死他们了。我们通过安装一个屋顶支撑装置就可以阻止这一潜在灾难，但这么做将会导致致命的烟雾泄漏到第六个人的房间。在这里，她写道："**很显然，我们不该继续安装支撑装置。**"[4]但实验哲学开始破坏这类确信的假设。牛津大学萨默维尔学院和圣安尼学院的学生的直觉同纳什维尔和圣彼得堡居民的直觉一样，果真如此吗？

在哲学的许多领域，而不是仅仅在伦理学中，跨文化的直觉社会学正在为古老的问题注入新的活力。就拿知识和信念的关系来说吧：什么时候才能说我**知道**某事，什么时候我只是**相信**它。曾经的标准答案是，当我证实一个信念为真的时候我就知道了它，当满足下面三个条件的时候一个信念就为真：（1）我相信它，（2）它是真的，（3）我有充分理由相信它是真的。举一个例子，我是否知道一个人被捆在我前面的铁轨上？如果**的确**有人被捆在铁轨上，而且我看到了一个人被捆在铁轨上，那么肯定能说我**知道**一个人被捆在了铁轨上。

然而在 1963 年，一位当时在底特律的韦恩州立大学任教的美国哲学家爱德蒙德·L·葛梯尔，想象出了一些有问题的情景。葛梯尔之前从未发表过论文，当时受到了大学官僚机构要求出版学术著作的强大压力。他不情愿地写了一篇三页的论文：《被证实的真信念就是知识吗?》（Is Justisfied True Belief Knowledge）。他本人对此并不热心。"直到最后决定之前，我从来都没想过提交一篇除了一个反例之外什么都没有的哲学论文。"在此之后他也没再出版著作，因为"我没什么可说的了"。[5]但他的简短论文却进入了当代最具影响的哲学论文之列。

下面是一个葛梯尔式的情景。假设在上面的例子中，我在铁轨上看到的是一截倒下的树干，它很像一个人，并且从远处看，我错把它当成了人。再假设，由于纯粹的巧合，树干后面还有一个人，被捆在铁轨上。我有充分的理由相信有一个人被捆在铁轨上（因为我看见了铁轨上有一个人形的物体）。但是要说我**知道**——还是如葛梯尔所说——我仅仅**相信**一个人被捆在铁轨上呢？

西方的哲学家假设葛梯尔关于这些情景的看法是正确的。只能说我**相信**铁轨上有人，而不能说我**知道**铁轨上有人。最近，用铅笔和写字夹板武装的实验哲学派出现了。他们没有将葛梯尔的直觉视作理所当然，而是让东方和西方的普通群众做了一份调查问卷，结果出人意料。结果显示，西方人普遍同意葛梯尔（也就是我仅仅**相信**铁轨上有人），但东亚的大部分参与者都会表示**知道**铁轨上有人。[6]

当人们被问及其他永恒的哲学问题（比如自由意志）时，出现了同样有趣的结果。假设宇宙完全是确定的，完全由因果法则主导（这是个有争议的前提），那么能否说一个人有自由意志？自由意志又能否与道德责任相容呢？如果我的行为在某种程度上是因果链条不可避免的产物，那么我是该受到褒奖还是受到谴责？

结果表明，被调查者得到的关于某种情景的细节越多，就越可能成为"兼容论者"，人们会认为即使一个人是在因果关系的作用下做某事，他/她仍可以自由行事，并且应当负道德责任。反之，事例越抽象，被调查者使用"褒奖"和"谴责"等概念的可能性越小。因此，如果告诉被调查者，有一个痛苦的四十五岁的叫玛丽的女人，她是个银行出纳，迫切地希望升迁。但她有一个竞争者，一个和蔼的、有些超重的三十五岁的叫麦克的男人，他得了哮喘，恰巧在散步时停下来喘口气，当玛丽碰见他时，他正靠在横跨铁轨的过街天桥上，玛丽朝他的后背猛地一推……比起将这一情景去掉所有让人产生联想的细节，仅仅告诉人们在这个确定的宇宙中一个人被推下天桥死掉了，前者更能让被调查者觉得玛丽应当为推下男人负道德责任。[7]

几乎所有有趣的哲学问题最终都依赖于某种直觉。再举一个臭名远扬的例子。当我们使用"菲利帕·福特"这个词语时，我们指的是什么或者是谁？一个答案是，我们指的是一个满足一定描述的人，例如"发明电车学的那个女人"。美国哲学家兼逻辑学家索尔·克里普克认为这一指代是错误的；他提出了下面这个思想实验的变种来说明这一点。假设另外一个哲学家，让我们姑且叫她佩内洛普·汉德，提出了电车问题，并在她临死时告诉了菲利帕·福特，福特将之冒充为自己的发现。那么如果我们再使用菲利帕·福特这个名字时，我们难道不是在指的佩内洛普·汉德，也就是那个比福特更适合"菲利帕·福特"这一描述的人？没错，在提到类似问题的调查中，美国哲学家赞同克里普克的直觉，在他们看来，使用菲利帕·福特这个词语不能指代佩内洛普·汉德。但当他们在香港进行这个实验的问卷调查时，大多数人不同意，对他们而言，任何使用菲利帕·福特这个名字的人实际都指代的是佩内洛普·汉德。

9.1　你来告诉我

电车学受到了实验哲学运动的欢迎：有许多研究被用来检验哲学家的直觉是否与乘坐克拉彭公共汽车（Clapham omnibus）的人的直觉相同。也有很多人设计实验用来检验我们的电车直觉的稳定性和其他事物对其的影响。

一些实验规模很小。但互联网为大规模的意见采集提供了一个有缺陷但低廉方便的途径。哈佛大学发明了一种数据采集工具。自从其 2004 年创建以来，已有超过 20 万人通过这一工具提供的许多情景测试了他们的道德直觉，其中有数万参与者都是非美国人。这在任何统计标准中都是很好的样本，虽然在阐释这些数字时仍然需要小心，因为这些参加测试的人可能在某些方面不具有普遍代表性——作为初学者，他们对道德哲学有着特殊的兴趣。

BBC 也在线进行了另外一个大规模的调查：这项调查拥有 65 000 名参与者。在不同网站获得的调查结果区别并不明显。BBC 发现大概五分之四的人同意应该把电车引到岔道上。与此同时，只有四分之一的人认为应该把胖子推下桥。其他研究表明，有近90％的人会选择把车引入岔道，大约90％的人不会选择将胖子推下去。

同时还发现了一些性别上的差异。一般而言，女人更加反对伤害（不太可能推胖子，或者在岔道情景中扳动拉手），男人更加实际（更可能推胖子或者扳拉手）。还有其他一些人口学上的差异。在医院工作的人比在军队工作的人更加反对伤害（其他许多职业的工作者持中间立场）。信教的人（受调查的大多是基督教徒）比不信教的人更加反对伤害。保守派比自由派更加反对伤害。然而，这些差异并不明显，并且总体上在富人与穷人之间、受教育者与未教育者之间，以及发达国家和发展中国家的人之间，调查结果并没有太大的差别。

那么进行这些民意测验和调查的哲学价值到底在哪里？答案是没有。包括著名的剑桥哲学家休·梅勒在内的一些人坚持认为这是毫无价值的实践。"如果这都算是哲学，那么询问人们是否认为圆圈可以成为方块的调查问卷也能成为数学了——其实它压根儿就不是"。[8]

但是搜集调查信息、构建直觉数据库已经被人们用来检验我们能否信赖直觉——并且由此提出了相关的问题，即专家的直觉是否比普通人的直觉更可靠。

第十章　就是感觉不对劲

唯一真正有价值的东西是直觉。

——阿尔伯特·爱因斯坦

这里有一个著名教授罗伯特·昂戈尔·若阿金的电车问题。下着大雨，一个人举着伞正在横过铁轨。在那个地方，他应该更加谨慎、更加注意，但他很着急所以没发现一列电车正朝他驶来。电车撞上了他，速度太快、力量太大，一下就撞死了他，并且他身体的碎块被抛向了空中。一大块身体砸到了一个在站台上等车的妇女，使她受了重伤。学习哲学和法律的学生此时面对的问题是，这个妇女能否对这个死人的财产申请经济补偿。

但让我们先把这个超现实的电车问题放在一边吧。

10.1　舒适区

阅读电车学的文献就像观看兰博的电影一样：你知道一会儿又要杀人了。威胁来自四面八方，来自拖拉机、电车、坍塌的桥梁，来自炸弹和毒气。那些事例有着古怪的名字：我们都知道的环形轨道事例，还有两个环形轨道事例、再推一下事例、旱冰鞋事例、三座岛屿事例、拖拉机事例以及转盘事例。虽然电车学看上去像是上帝赐予那些善于娱乐学生的哲学教授的礼物，但它同现实世界是否相关？在这些古怪的事例中，我们到底该多么认真地对待我们的直觉？

在约翰·斯图亚特·穆勒完成对《功利主义》（*Utilitarianism*）的修正整整一个世纪之后，另外一本受到几乎同样的学术关注度的书籍出版了，它致力于解决我们应该对直觉付出怎样的重视程度的问题。《正义论》（*A Theory of Justice*）出版于1971年，旨在列举治理一个正义社会的规则。这本书的作者是一位性格安静、有点儿书呆子气的哈佛大学教授约翰·罗尔斯。尽管这本书在学术圈外可能只有为数不多的读者，但它却既激进又有影响力。

这本书最激进的观点是，只有当不平等是出于保护最弱势的群体的利益时，才能被允许。其最重要的影响不是在大学院系——虽然它复兴了学术理论——而是在国家部门中，在政客和官僚之间。这本书的出现改变了决策者们之前通过权衡成本与收益来制定政策的中立的功利主义立场，使之更加倾向于关注社会最底层群体的利益。当然，曾经断定教育、医疗和运输政策合理的依据是它们带来了社会整体福利水平的提升，但现在应该根据它们对最贫困和最边缘化的个体和社区产生的影响来评判其得失。

在《正义论》中，罗尔斯使用了一个同"胖子"的命运息息相关的短语："反思平衡"（Reflective Equilibrium）。有关道德的理论不能和有关分子的理论以同样的方式检验。要检验关于分子的理论，我们可以使用显微镜。要检验关于道德的理论，我们必须诉诸思维中的内在资源。

粗略地说，当我们的一般原则和我们对具体事例的个人判断保持一致时，我们就处于反思平衡中。例如，我们可以从永远不该撒谎的理论开始。假设如果我们说实话，在某种特定情况下就会有许多人的性命受到威胁呢？也许我们应该修正我们的理论，为之添加一个附加条件："不要说谎，除非说实话会导致严重伤害"，诸如此类。

另一方面，我们可能希望坚持理论而忽略任何与之冲突的直觉。穆勒有一个自由的原则：只要不对别人构成伤害，我们就能为所欲为。那么双方同意的、"安全的"、不会造成思想伤害的、在兄妹之间的性行为呢？穆勒原则的坚定支持者可能会克服他们对兄妹性行为本能的抵触。他们可能相信应当无视他们对兄妹性行为的厌恶感这一最初直觉，并且经过思考，这也不能让我们有理由修正或者削弱穆勒的原则。

罗尔斯说，当我们对原则的既定信仰同我们对单独事例的信仰达到某种一致时，我们就处于反思平衡的状态。

反思平衡虽然不是如何处理直觉的唯一模型，但却是最有影响的模型。[1]但是在最近，我们直觉的可靠性受到了来自两个方面的不断攻击。一种攻击是针对电车系列情景的，这种指责说，既然这些情景如此程式化，我们就无法将其从哲学出版物的纸页上撕下来移植到现实中。另外一种攻击更加普遍，社会学近期的研究揭示了我们的直觉在诸多领域中是多么不稳定和不理智。

10.2 拖拉机和滚下山

先说具体判断吧。没错，尽管创造出一些电车情景的才华令人钦佩，它们也确实遭到了讽刺。拿电车学的一位女前辈弗朗西斯·卡姆所创造的杰出的构想来举例说明吧。卡姆著有《错综复杂的伦理学》（*Intricate Ethics*）一书——这本书的书名已经在很大程度上把书中内容的迂回曲折简化了。

像往常一样，一辆失控的电车朝着五个人驶来。他们可真是倒霉啊，不仅被捆在铁轨上，不仅将要被电车压扁，而且面临着另外一个独立的威胁——还有一辆失控的拖拉机朝他们狂奔过来。如果这五个人终究将被拖拉机撞死，那么改变电车的方向也无济于事。但……

我们倒霉的五个人还有一线希望。如果你把电车从他们那里引开，"电车将轻轻地碰推（不会伤到）站在拖拉机路线上的一个人。如果他被拖拉机撞上，那么拖拉机就会停下，不过他也会被撞死"。[2]

这可真聪明，既有岔道情景的因素，也有胖子情景的因素。将电车从五个人那里引开看似可行，尽管有一个人会死——这同岔道情景类似。然而，如果这个人的尸体不能再成为减震器来停止拖拉机，那么将电车转向就会变得毫无意义——因为如果拖拉机停不下来，那五个人还是会死。这又反映了胖子情景。

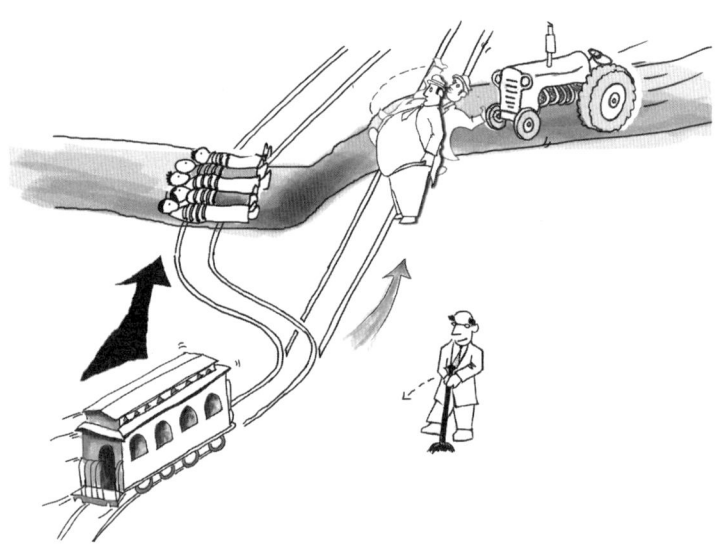

图 10—1

　　拖拉机。一辆失控的电车朝着五个人驶来。电车并不是他们受到的唯一威胁。他们还面临着另外一个独立的威胁。有一辆失控的拖拉机也正朝他们狂奔过来。如果这五个人终究将被拖拉机撞死，那么改变电车的方向也无济于事。但如果你把电车从他们那里引开，它将轻轻地碰推，而不会伤到，站在拖拉机路线上的一个人。如果这个人被拖拉机撞上，拖拉机就会停下，不过他也会被撞死。你会将电车转向吗？

你的直觉是否强大到知道该怎么办呢？不知道？卡姆教授可知道。她肯定地说，将电车转向是错误的。

下面，我们来看一下滚下山事例。

这回你不能将电车转向，但你可以移动那五个人。不幸的是，这五个人会滚下山去，他们的体重会压死山下的一个无辜的人。应该允许移动这五个人吗？你不确定？卡姆教授说应该。后面的内容里还有电车工具事例呢。电车驶向一个有用的工具——这是一个能够救许多人命的工具。你可以改变电车方向杀死一个人。你该这么做吗？糊涂了吧？答案（卡姆的答案）是不该。

但我们为什么要相信卡姆的话呢？一个在电车学的领域徘徊逡巡了几十年的哲学教授会有异常敏锐的道德直觉吗？这个，也许吧。毕竟我们希望一个葡萄酒行家比一个普通的酒鬼更懂得鉴别和评判葡萄酒的品质，就像我们也同样希望艺术爱好者欣赏一幅画并且能比我们更懂得评价它的优点一样。[3]

但是卡姆许多啰唆的事例甚至让电车学家都产生了分歧——因此，专家意见只能帮我们走到这里。当然，如果说在岔道情景和胖子情景中，无论是哲学家还是外行人的直觉都很坚定，恐怕是错误的。但对电车学的批评是，所有的谜题都不可能发生在现实生活中，因此它们毫无价值。据玛丽·米奇尼

图 10—2

　　滚下山。失控的电车朝着五个人驶去。你不能将电车转向，但你可以移动那五个人。但如果你这么做了，这五个人会滚下山去，尽管他们自己会毫发无损，但他们的体重会压死山下的一个无辜的人。你该移动这五个人吗？

所说，就连她的老朋友菲利帕·福特也会对其一手制造的蓬勃发展的这一亚学科感到沮丧："学院派哲学家为了逃避观察现实问题的压力而痴迷于一些经过挑选和人为制造的虚拟事例，电车难题领域不过是又一个令人沮丧的注脚罢了。"[4]

在现实世界中，我们没有没有"三岔路口"式的伦理。在现实世界里，我们不仅仅有两个选择，甲和乙，我们有许多选择，并且我们的选择同复杂的责任、义务和动机纠缠在一起。重要的是，在现实世界中没有确定性。如果我把胖子推下去，我可能被控谋杀。也许我该担心有摄像头把我的一举一动都记录了下来。我也不确定自己的身体是否强壮到可以把胖子推下桥，如果我试图推他，难道就没有他进行报复并把我扔下去的危险吗？我也不确定胖子的块头就一定能够阻止电车。我更不确定，如果没有我的干预，电车将会继续前进轧死那五个人。他们或许能割断绳子逃跑呢？司机也许能恢复对电车的控制呢？难道我就不能找到另外一个和胖子的体积差不多的物体来阻止电车吗？

10.3　现实世界中的电车

面对人为编造案例这一指控，电车学最好的策略就是接受。尽管思想实验是有意编造的，但大多数并非空穴来风。

有一个讽刺道德哲学的笑话。问：换一个灯泡需要几个道德哲学家？答：八个。一个换灯泡，其他七个保持其他事情的平衡。但恰恰因为电车情景是精心设计出来的，所以才有实用性。现实生活充满了白噪音——道德的嘶嘶声。现实生活的复杂性让我们很难辨别出道德推理的相关特征，电车情景就是为了获取原则并发现相关差异而被设计出来的，而只有摒弃令人分神的和歪曲事实的杂音，它们才能做到这一点。这一方法可以同科学方法做一个大致的类比。在实验室，如果你要测试某一事物——比如光——的作用，你可以改变光，但同时保持其他因素不变。类似地，如果你想确定一个具体特征是否同道德有关，你可以想象两个事例，让二者在其他方面都保持一致，只是这个变量是改变的。

但基础的电车事例也并非胡编乱造完全脱离现实。我之前耍了个小手腕，亲爱的读者，在本章开始提到的罗伯特·昂戈尔·若阿金教授这个人虽然是虚构的，但他的电车事例却不是。这一事故发生于芝加哥。受理上诉的法庭判决妇女胜诉。死掉的年轻人博之约霍（Hiroyuki Johu）被判应对她的受伤负责。法院认为，他应该预见到，如果自己被电车撞到，他的身体将飞向站台并可能伤到在那里等待电车的人。

当然，这些事例本身很怪异。但问题在于它们并没有超出可能发生的范围。最近还有一个发生在美国的事例可以被在哲学课堂做演讲的人使用。这一事例是关于胡谭·鲁兹罗医生的，2009年的审判中他被加州的法庭判为无罪。哲学家对该事例感兴趣的原因在于其控告的性质。

这起官司的主人公是一个叫鲁本·纳法罗的人。纳法罗生于一个拉美裔工人家庭。他当时二十五岁（即将二十六岁）。十五年前，他的母亲罗莎注意到他的平衡性开始退化，当他和其他小朋友玩耍的时候，他比其他人更容易摔倒。据她说，这就像是看着小鹿斑比走在冰面上。他被诊断患有肾上腺脑白质营养不良——一种渐进式的基因残疾。这种疾病虽然很少见，但却因好莱坞电影《再生之旅》（*Lorenzo's Oil*）而为人所知。当罗莎自己残疾之后，鲁本由护理中心照料，他的状况迅速恶化。2006年1月，他被紧急送往位于谢拉维斯塔地区的医疗中心，其间他出现了心跳和呼吸停止，他的大脑也因缺氧而受损。医院称其将永远无法康复。经过询问，罗莎同意在鲁本死后捐献他的器官。

这时一位年轻的医生——胡谭·鲁兹罗——出现了。鲁兹罗作为加州器官移植捐献网络的代表介入了此事，这是一个值得称赞的组织。该组织宣称其使命是通过器官和组织捐献移植来拯救和改善生命。鲁兹罗的任务是在宣布鲁本死亡后采集器官，但将鲁本的呼吸机移走时后，意外出现了——鲁本的身体仍顽强地活着。在切断呼吸机后，应当在 30 至 60 分钟之内取走器官，因为超出这一时间，器官就不再鲜活，无法被用来进行移植手术了。但鲁本的心脏只是缓慢衰竭，他的大脑仍在运转。

对鲁兹罗医生的指控是，他让护士给鲁本使用了超大量的吗啡和安定，用来加速其死亡。结果，尽管护士这么做了，但鲁本还是在几个小时后才死亡，到那时他的器官已经不能再进行移植了。但是法庭接受了鲁兹罗医生的证词，认为他无意加速死亡。他那么做只是为了保证在生命维持系统被撤掉之后，病人不会感到痛苦。据此，法院判定鲁兹罗医生无罪。

尽管如此，这起控告类似于那个医院案例，即为了救五个病人而要杀死一位健康的人，这一事例被朱迪思·贾维斯·汤姆逊、菲利帕·福特和其他人引用过。虽然这一事例非同寻常，但它引发的问题却跟电车文献中提出的问题类似。如果鲁本死得快些，就能救好几个人的命。最新数据显示，仅仅在美国，每天就有十八个人在等待器官移植时死亡。这一数字远高于在伊拉克或阿富汗的美军每日的死亡数字。目前美国全国等待移植的人的名单上，就有 10 万人在等待着心脏、肺脏、肝脏、肾脏、胰脏或者肠道器官的移植。

但即使电车学家们反驳了对人为编造案例的指控，他们还要面对另外一个更加基础的障碍。

人们并非只是怀疑电车直觉，而是怀疑所有直觉。

这是一个人在研究中得出的明显结论，但这个人不是一位哲学家，而是一位心理学家——丹尼尔·卡内曼。卡内曼曾经获得诺贝尔经济学奖，并且和他的同事阿莫斯·特沃斯基一起创造了如今蓬勃发展的行为经济学这一亚学科，该学科的目标是研究人们在实践中如何做出经济决策。

在特沃斯基和卡内曼之前，所有经济学家都认为生产者和消费者是理性经济人，可以根据自身独特好恶做出一致的、有逻辑的选择。卡内曼的研究就如同给理性经济人假设当头一棒。他和他的同事进行了许多实验，揭示了现代人的行为是非逻辑的、混乱的甚至有时是愚蠢的，还会被他们经常无视的冲动所驱使。

一项著名的实验涉及了一个名为致命病毒的情景。美国政府正在为一种病毒的暴发做准备。卡内曼将其称为"亚洲病"——也许这种称呼听起来更吓人吧。如果什么都不做，这种病将杀死 600 人。有两种方案可供选择。

　　你可以采用 A 计划。这么做将会救 200 人的命。

　　你也可以采用 B 计划。这么做会有三分之一的可能性可以救 600 人的命，但也有三分之二的可能性一个人都救不了。

　　你该怎么办？现在想象一下，亚洲病将杀死 600 人，但这回你有了不同的选择。

　　你可以采用 C 计划。这么做将会有 400 人丧命。

　　你也可以采用 D 计划。这么做有三分之一的可能性没人会死，也有三分之二的可能性 600 人都会死。

　　你该怎么办？在研究中，多数人认为 A 比 B 更好，但也认为 D 比 C 更好。这就怪了，因为 A 和 C，虽然用不同的方法表述，但是完全一样的，而 B 和 D 也完全相同。很明显，各个选项的表述方式对被调查者的回答存在着影响，会让他们变得不理智。

　　同样的问题也可以在电车学中看到。哲学家彼得·昂格尔向学生展示了胖子情景的许多变种（他让学生们选择是否将一个穿着马达旱冰鞋的大块头引到能杀死他的电车轨道上）。[5] 但他先给其中一些学生展示了许多过渡性的事例。比如，在一个过渡性的事例中，为了使电车停下，学生可以将另一辆载着两个人的失控电车引到轨道上——这样做会杀死这两个人。被提供了过渡性事例的学生，当最终面对胖子情景时，更倾向于杀死这个大块头。

人们对朱迪思·贾维斯·汤姆逊的环形轨道情景产生了质疑。汤姆逊是在岔道情景之后才抛出了环形轨道情景的。她坚称增加几米轨道不会产生道德差异，这一判断让许多哲学家觉得令人信服。之后汤姆逊推断说，既然在岔道情景中允许将电车转向，那么在环形轨道情景中也应该这么做。但最近的一项研究表明，如果环形轨道情景出现在岔道情景**之前**，那么被调查者可能会看不到这二者之间的紧密联系，并更倾向于认为将电车转向是**错误的**。[6]

同样有趣的是，如果将胖子情景放在岔道情景之前介绍，同意在岔道情景中将电车转向的人会变少。关于不同情景排列的顺序不只影响到非哲学家，而且也影响到了哲学博士们。我们也可以用其他方法操纵人们对道德困境的反应。反应会随着问题人称的变化而变化——例如，第三人称"**菲利帕将电车转向是不是错的？**"或者第一人称（原文如此）"**你将电车转向是不是错的？**"

上述这些情况让我们思考应该认真对待哪<u>些</u>直觉的问题。我们怎样确定，让岔道情景第一个出现是让我们对该情景的直觉变得敏锐了，还是更迟钝了？如果我们想要一根棍子美观，我们知道不该把它的一半浸泡在水中：因为虽然它实际是直的，但却会因为一半泡在水中而看起来是弯的。如果我们想要让一幅画看上去更加色彩鲜明，我们必须在光照充足的房间里欣赏它。对于直觉，相似的问题是什么？我们怎么才能确定自己是在一种理想的条件下审视一个道德问题——也就是说在"光照充足"的情况下研究它？

这个谜题迄今还没有哲学家能给出满意的答案。但修改词句和调换顺序不能消除人们对胖子情景和岔道情景反应的断层。这一断层可以缩小，但只是在某种程度上。不论问题以何种形态呈现，大多数人还是认为在岔道情景中转向是对的，而杀死胖子是错的。而虽然这一结果在不同人群和文化中会略有差异，但这一断层是普遍存在的。

这就带来了一个新的假设。电车问题可能揭示了人们的道德是先天的——例如，在近一千年前被圣托马斯·阿奎那所阐释的双重结果原则，就是我们天性的一部分。

第十一章　杜德利的选择和道德直觉

在许多非人性和奇特的教派中，在道德与性格的千差万别中，无论在哪儿你都能找到同样的正义和体面的观念，无论在哪儿你都能找到同样的善与恶的观念。

——让-雅克·卢梭

在日本东京，在大庭广众之下大声擤鼻子被视为极端粗鲁的行为。在不同文化之间，饱嗝、响嗝、放屁、吐痰、挠身体、擦屁股、舔嘴唇、鞠躬、握手、拉手、咀嚼食物、大声喝汤、咬指甲、剔牙齿和接吻这些行为的含义有着很大差别。在法国部分地区，朋友之间会用贴两下脸的动作来打招呼。在巴黎部分郊区，贴四下脸是规矩，而在利雅得，四下就太多了。

礼节和礼仪存在于生活中的方方面面：餐桌礼仪、肢体语言、着装要求、面部毛发、付小费和讨价还价、交换礼物的形式、称呼朋友和陌生人的方式等。申请英国国籍的人应该知道人们在酒吧会轮流付酒钱。

在礼节和道德之间划一条清晰的界限是件难事。对一个西方人来说(至少对他个人来说),看到亚洲部分地区的男人(很少有女人)堵上一个鼻孔,用另一个鼻孔将鼻涕擤出来,仍然会本能地觉得有些恶心。但这种感觉和人们认为没有正确的方法、没有客观上正确的手段来保持鼻腔卫生的观念可以共存。用手帕擤鼻子并将其塞入口袋的想法,让一些人觉得反感。不同的文化有不同的行为方式。何种行为方式可以算是礼节,何种行为方式又可以算是道德呢?伦敦人和巴黎人可能将如何同异性打招呼——吻两下还是三下——看作一种礼节。而沙特的伊玛目①可能认为公开接吻不但令人反感,而且不道德。

道德比礼仪更受人重视,并通常被认为揭示了普遍性。[1]反对女性割礼(或称女性生殖伤害)的人,认为不论在全世界的任何地方,这都是不道德的,尽管在世界部分地区这项行为传播很广。但是,尽管当我们做出一个道德陈述时,我们希望它普遍适用,但似乎很明显,道德实践就像礼节实践一样,在

---

① 伊玛目,伊斯兰教教职称谓,意为领拜者。——译者注

不同的地区差别很大。有过堕胎行为的人在丹麦遭到的耻辱比马耳他要少；得克萨斯州的普通居民支持死刑，而缅因州的多数人反对；旧金山的多数人觉得同性恋完全合法，而坎帕拉的许多人对此十分憎恨。

那些宣称人类拥有天生的、统一的道德感的学者们都成了被反对的对象：为了支持这一论点，他们引用了电车学的证据。

11.1　生来就有道德

为何我们能辨认出"静止的失控电车闻起来很病态"是一个符合语法的句子，尽管它毫无意义，但"静止的闻起来失控电车很病态"则不符合语法。

20 世纪五六十年代，诺姆·乔姆斯基通过在语言学领域的开拓性著作奠定了其学术声誉。他认为语言本能是天生的。"无色的绿色观念愤怒地睡着"是一个符合语法的句子，就句法而言它是工整的。"愤怒地睡着观念绿色无色的"则不符合语法。在语言中，对语法所允许的和不允许的结构，我们有着本能的把握。

让乔姆斯基惊讶的是，一般的孩子学习语言相当轻松，可以遵守通常没有明确教给他们的规则。他们不仅迅速地学会了区别符合语法和不符合语法的句子，而且也很快掌握了作为一个语言使用者的关键技能，比如辨认矛盾和模糊的能力。用有限的词语和短语，他们能构造出无限的句子。乔姆斯基说，除非我们是为了说语言而被以某种方式"编程"，否则做到以上这些是绝不可能的。

这个程序，或者菜单，肯定非常泛泛。广州出生的孩子长大了会说广东话，布达佩斯出生的孩子会学匈牙利语，格拉斯哥出生的孩子会说英语（虽然是以一种其他本国公民并不熟悉的口音）。在表面上，汉语、匈牙利语和英语几乎没有共同点，但是，乔姆斯基认为所有的语言肯定有着某种共同的结构。

一旦孩子掌握了一种语言，他们就发展出一种强烈的、可靠的本能，从而能判断什么在语言上合适，什么不合适。然而奇怪的是，语言使用者并非总能说明其直觉。他们似乎无意识地遵守着某一规则。看下面的例子：大多数母语是英语的人不会说："黑色恐怖的大电车失控了。"那听起来有些不对，语言上有些走样。相反，他们更可能说："恐怖的大个黑色电车失控了。"为什么后者的顺序是正确的？多数人会努力给出一个不做思考的回答。事实上，如果给他们思考的时间，他们可能会努力给出一个更加准确的回答。[2]我们以某种方式吸收的规则是拜占庭式的。在"无色的绿色观念愤怒地睡着"这句话中，我们肯定知道"形容词、形容词、名词、副词、动词"是可行的模式，而相反，"副词、动词、名词、形容词、形容词"则不行。

20 世纪 90 年代，乔姆斯基的一个在麻省理工就读的研究生，约翰·米哈伊尔，思考着语言学模型能否转换到道德上，并着手利用电车学的事例测试类比性。

如果二者之间有着强烈的类比，那么就可以认定孩子对电车事例会有着同成人一样的直觉。而这正是米哈伊尔的发现。他追随心理学家乔纳森·海德，将孩子描述为"直觉的律师"，尽管对身为法律学者的米哈伊尔而言，这是一个积极的描述，而对海德而言，这是一个温和的讽刺。[3]孩子们能够做出异常复杂的道德判断，这些判断不但反映了成人道德，而且也反映了一种复杂的法律体系。三至四岁的孩子可以使用故意性的概念区别两种具有同样结果的行为：不小心把别人撞到桥下去的人，还有故意为之的人。法律和通常的道德也能做出同样的区别。四到五岁的孩子能辨认出更加复杂的差别，再一次同法律上的差异类似——区分事实错误和法律错误。因此，一个电车司机可能轧过一捆东西，觉得那只是树叶，而不知道是一个人。这可能是一个事实错误，可以作为被判无罪的理由。如果有充分的理由犯这个错误，这一理由肯定会关系到司机的定罪。但如果司机解释说他清楚地知道有一个人在铁轨上，但错误地以为可以用车将人轧死，那就是法律错误，不能作为被判无罪的理由。

这一假设称，道德天性在非常抽象的层面起作用，就像语言一样。我们的规则没有具体内容（就像"不要侮辱你的岳母"），不同地方的道德也不尽相同，就同语言的地区差异一样。语言的一个普遍法则可能是一个符合语法的句子应包含一个主语、一个动词和一个宾语——但这些词出现的顺序因语言而异：说德语的人把动词放在句子末尾。同样，不同文化之间的道德标准也会有所不同。在印度进行的一项研究调查了在电车情景中社会和文化所扮演的角色。当被调查者是学者阶层（婆罗门）时，参与者不同意为了救五个人而去害死一个人；但当被调查者是武士阶层（刹帝利）时，参与者更倾向于同意这么做。尽管如此，深层抽象的规则（如"不要故意伤害无辜者"）是普遍的。

同米哈伊尔合作的马克·豪泽，当时是哈佛大学相关领域的研究员，他在道德和语言的另一个类比中发现，在所有独特的事例中，道德直觉几乎是即时的和可预测的，而这些事例是实验参与者从未体验过的。不但如此，当受访者被问及为何拥有这样的直觉时，人们通常感到要解释或说明很困难。他们一般会说，"我不知道自己为什么会改变主意"，或者"我不明白这个事例为什么看起来跟前一个不同"。或者他们会自嘲，并有些尴尬："我知道我不理智，但在我看来这些事例并不一样"。当他们真的说出理由时，通常也是千差万别的。豪泽写道："无法得出恰当解释的情况并不局限于年轻人和未受教育者，而且还包括受过教育的成人，无论男女，无论是否有道德哲学或者宗教背景。"[4]有人将原因归结于上帝，归结于情感，归结于预感，归结于规则（不能杀人！），归结于结果（救五个人比救一个人更好），豪泽还记录到，一个人直率地表示："天天都有倒霉事儿。"

通过调整电车事例中的变量，米哈伊尔和其他研究人员能够提取出一些要素，米哈伊尔认为这些要素可能是我们的先天道德。下面是他的两个例子。他所有的事例都是关于一辆失控的电车将要轧死五个人的。

马克和故意杀人

有一个人在岔道上。马克扳动［一个］扳手就能杀死他，或者他可以不扳扳手，让五个人死亡。然后马克认出了在岔道上的人就是他非常憎恨的某个人。"我根本不在乎救这五个人。"马克想："但这是我杀了那个杂种的机会。"马克扳动扳手在道德上被允许吗？

沃尔特和坍塌的桥

沃尔特站在扳手边上，他能扳动扳手让铁轨上方的天桥坍塌到电车前进的路上，阻止它轧死五个人。一个人站在天桥上。沃尔特可以扳动开关杀了他，或者也可以不扳扳手，让五个人死亡。沃尔特扳动扳手在道德上被允许吗？[5]

当米哈伊尔将上述事例拿给实验参与者时，明显的多数人觉得马克扳动扳手在道德上不被允许，而沃尔特的做法却可以被允许。对原始的岔道和胖子情景稍加改动，米哈伊尔就把直觉颠倒了。他通过改变人们的意图得出了不同的直觉。并且很容易想象修改其他要素会对直觉产生什么样的影响。假设在岔道情景中：

铁轨上的五个人得了一种可怕的病，马上就要死了，而在岔道上的那个人是个孩子。或者我们发现，岔道上的一个人是被五个法西斯主义的混混强迫绑在了铁轨上的，而这五个人在追赶另一个不幸的受害者时，被卡在铁轨主干道上了。或者你不认识这五个人，但另一个人是你的女儿。或者在岔道上的人是爱因斯坦（或者斯大林），另外五个是跟你我一样的无名之辈。

电车文献的大多数情景倾向于舍弃生命受到威胁的人的个人信息——包括他们犯过的错或者他们可以或者不可以使用的

具体权利或特权。他们甚至都没有名字，更不用说更具体的人生经历了。但是我们道德法则的一个更加复杂的模式可能包含更多变量和这些变量之间大量的相互作用。

有一个故事，故事的主人公是 19 世纪英国一个被吃掉的船上服务生，它说明了我们道德法则中的一个特别有趣的细微差别，而一个博学的意大利人将这个故事融入了一个情景之中。

11. 2　意大利人的工作

维弗雷多·费德里科·达玛索·帕累托（1848—1923），经济学家、政治理论家，现代社会学奠基人之一，有着他自己同铁路的渊源。在都灵，作为优等生毕业后，他找到了一份罗马铁路公司的工作。帕累托接受的是工程师教育，并痴迷于机械和法律。据一位作家说，他有着"对法律的渴望"。[6]

离开铁路公司后，帕累托进入了一家钢铁公司，之后他在托斯卡纳草木茂盛的山丘下定居了下来，写作针砭时弊的文章来鞭挞新统一的意大利政府的无能。1893 年，45 岁的帕累托接受了瑞士洛桑城政治经济学主席的职位。尽管他的许多观点都已经广为流传，但从这时起他才开始出版著作，这些著作使他同我们的故事产生了联系，也为他带来名誉。

　　帕累托心中的英雄是发现了运动定律的人——艾萨克·牛顿爵士。帕累托与在其之前的卡尔·马克思相似，打算像牛顿为物理科学所做的那样为社会科学做些事情。帕累托有着科学家的直觉，并且他认为我们所处的社会处于一种不断变化的状态，会在不同的平衡点之间移动。

　　追随者选择英雄比英雄选择追随者更容易。这一不幸的社会定律玷污了帕累托身后的名誉。帕累托崇拜牛顿，而贝尼托·墨索里尼崇拜帕累托。据说墨索里尼还曾于1904年在洛桑听过帕累托的一些课程。因此，尽管帕累托死于1923年，也就是墨索里尼执政后不到一年，但这位社会学家却受到了法西斯政党的追捧。20世纪盎格鲁－奥地利哲学家卡尔·波普尔谴责帕累托是集权主义理论家，尽管法西斯分子在帕累托法则——也就是80％的结果取决于20％的原因——中找到指引并不是帕累托的错。帕累托发现意大利五分之四的土地被意大利五分之一人口占有。随后的研究表明这种80/20分配方式不只适用于意大利的土地资源，而且在包括财产和财富在内的许多领域也同样适用。法西斯分子得出了让他们感到舒服的结论——这是某种铁一般的定律。

　　帕累托还发明了另外一个同样有名的原则。在经济学范畴，商品的分配如果不使一个人或一些人的情况变坏就不能使另一些人的情况变好，这种事物的状态就叫帕累托有效或帕累托最优。例如，假设一个经济系统内，甲得到两本哲学书而乙得到三个橘子。如果我们能够以某种方式改变生产和分配，使甲得到一个橘子和两本哲学书，而乙仍然可以得到三个橘子，那么前一种情况就可以被称作帕累托无效。

那么这些跟电车学有什么关系？让我们来看看汤姆·杜德利船长的奇特案例吧。

11.3 公海上的吃人

1884 年 7 月 25 日，杜德利船长，一个长着红色头发的矮个子男人，捅死了他的服务生，然后开始食用这名服务生。几个月后，这个虔诚的英国国教徒将因蓄意谋杀被起诉并定罪。他被判"吊着脖子直至死亡"。但当时的内政大臣，威廉·哈考特爵士，知道公众不会容忍这一惩罚。于是汤姆·杜德利和他的辩护人埃德温·史蒂芬斯一起，被减刑为六个月监禁。

这是一个不寻常的案例，直到如今还在被法庭引用。杜德利公开承认杀人，并且对这一行为被认为是犯罪感到惊讶和愤慨。他刚刚经历了一场恐怖的生死考验，现在还要再体验一遍。当服务生的哥哥在法庭上朝他走来，并在大家面前非常有礼貌地同他握手而没有大声斥责他时，他肯定感到自己没罪。

汤姆·杜德利站在被告席上，用浓重的埃塞克斯口音讲述他的故事。谋杀前二十天，他本人、理查德·帕克（也就是那名服务生），还有另外两个人，史蒂芬斯和埃德蒙·布鲁克斯，在大西洋中，从英国驶向澳大利亚。他们的任务是把一艘新游艇——**木樨草号**——交给它的新主人。

当他们已经距离陆地一千多英里时，突然来了一场大风暴，游艇很快开始下沉。他们爬上了救生艇。在混乱中，他们从**木樨草号**上抢救下来的东西只有两罐萝卜。三个星期之后，他们马上就要饿死了。帕克当时十七岁，是他们之中最年轻和最瘦弱的。一直没下过几滴雨，他们一直在喝自己的尿，喝之前帕克会先掺杂一些海水。帕克开始经常失去知觉，其他人的状况也很糟糕。经过白天的炙烤和夜晚的冰冷，他们的脚浮肿了，身体非常疼痛。

到这里，故事的一些细节变得模糊了，但根据汤姆·杜德利所说，他提出了一个非常大胆的想法：他们抓阄决定牺牲其中一个人作为食物。他觉得这比所有人都死要好。杜德利说："就这样吧，如果一个人能救其他人，就不应该让四个人都死。"[7]

几个小时之后，杜德利跟史蒂芬斯说了些话，而布鲁克斯称他没听到。杜德利问："该怎么办？"并且给出了他的答案。"我觉得那孩子快死了。你有一个妻子和五个孩子，我有一个妻子和三个孩子。之前也有人吃过人肉。"[8]

那天晚上杜德利和史蒂芬斯用小折叠刀刺入了帕克的颈静脉。之后四天，杜德利和史蒂芬斯吃着帕克的尸体（并且喝着他的血）。尽管布鲁克斯否认有罪，但也加入了吃人者的行列。事实上，他吃得比史蒂芬斯还痛快，因为后者非常胆小。一本关于这一事件的书的作者，布莱恩·辛普森写道："史蒂芬斯肯定会有一个恐怖的想法，作为剩下的人中最瘦弱的，他很可能就是下一道菜。"[9]

奇迹发生了，当他们仍然飘荡在距陆地几百英里之外时，一艘从南美返回汉堡的德国船发现了他们。富有同情心的船长给了他们食物和水，使他们逐渐恢复了一些力气。当他们最终驶入了法尔茅斯的康沃尔港时，他们写下了这个事件的完整经过——这是船只倾覆之后通常的做法。杜德利没有想到会有法律程序接踵而至，因此几乎把事情原委和盘托出。对他们的起诉得到了重视，但内政大臣有着合理的担忧："如果这些人没有被判谋杀，我们就是授权所有的船长，在供给不足时吃掉他们的服务生。"[10]

11.4　匿名的渡轮杀手

杜德利和史蒂芬斯一起谋杀了一个无辜的孩子。在大多数正常情况下，谋杀是有悖良心的。但杜德利被起诉并被判有罪，这一事例却会勾起人们复杂的感情。虽然一些人觉得不论在什么情况下，谋杀都是不能接受的，其他人却对杜德利的困境同情有加。如果问他们为什么，他们会说类似"那个，反正服务生也快死了，这么做也没伤害谁啊"这样的话。

或者，换一种更加正式且相当无情的说法，许多人，可能是大多数人，似乎认识到了一个原理，一个从帕累托无效到帕累托有效状态的道德原理。这看似是我们道德法则中的一部分。在杜德利精心策划杀死服务生之前，四个人都要死了。服务生早晚要死，但他的死亡能让其他人活下来。

他们的命运改变了，没有人的情况因此变得更糟。所以杜德利的行为看起来至少是可以原谅的。

还有其他一些同样富于戏剧性的、拥有类似道德结构的例子。比如，1987年3月6日傍晚发生在比利时海岸外的杀人事件。杀人者的名字都没有向公众公布：他后来承认杀人，但却没被起诉。当局肯定认为，在当时的情况下，杀人是合理的，不仅不该被审判，而且杀人者的名字也应得到保密。

但是，我们还是获得了一些细节。那是在**自由企业先驱号**，一艘乘载汽车和乘客的渡轮倾覆的那天，包括乘客和船员在内的近两百人因此而丧命。这艘船从比利时的泽布吕赫港口出发，要短程驶向英国南部海岸的多佛。事故的原因是灾难性的人祸：一个值班船员睡着了，没有关上舟首门。在离开港口九十秒之内，船开始倾斜，又过了一分钟，船就坠入了无边的黑暗。多数人因被困在船舱里，死于体温过低。

1987年10月开始了尸检。许多目击者被找来提供证据，但一个下士的证词最让人意外。他说当时许多人被困在绳梯上，而他在绳梯底端，所有人都在冰冷的水里。但是这个绳梯——他们通往安全的唯一途径——被一个年轻人挡住了。要么因为恐惧，要么因为寒冷（或者二者都有），他僵在那里，既不能上也不能下。时间一分一秒过去，这个下士叫喊着要把他推下去。之后再也没人见过这个年轻人，而人们通往安全的道路畅通了。

尽管听起来很冷漠，但绳梯上的人被推下去并死亡并没有让其处境更糟：反正他马上就要死了，而且他挡住逃生路线可能让后面的乘客一起死。法院最终决定对下士或者把他推下去的那个人不予起诉，这背后肯定有类似帕累托的考虑。接受了

(如果我们能够)下士的行为并非不道德之后,我们就承认了在一些情况下,蓄意杀人不是错误的。

11.5   马耳他的困境

曾经有类似的登山者事例,两个人被一条绳子拴在一起,要想活命,一个人必须割断绳子,放弃另一个人(其实就是杀死第二个人)。[11] 也有类似的虚构的事例。在《苏菲的抉择》(*Sophie's Choice*)一书和同名电影中,苏菲在一个纳粹军官的强迫下选择让自己的两个孩子中的一个死亡。如果她拒绝选择,两个孩子都将被送进毒气室。她选择了自己的儿子,而她的女儿尖叫着被带走了。

有时候是国家——以法庭的形式——将杀人行为放到了帕累托式的情景中。2000 年时,一名来自马耳他戈佐岛的天主教妇女莉娜·阿塔德,在英国产下了一对连体婴儿,法庭将其称为玛丽和乔迪。医生说如果不进行手术,双胞胎都将死亡;但即使进行了手术,只有一个孩子——乔迪——能够存活。这对笃信罗马天主教的夫妇拒绝手术。他们的书面证明包括以下内容:

> 我们不能接受或者考虑,为了让一个孩子活命,放弃另外

一个孩子。那不是上帝的旨意。每个人都有生存的权利，为什么要为了让其中一个活命而杀死另一个呢？[12]

医生不赞同他们的决定，双方一直争论到最高法院。在做出裁决时，法官们参考了哲学著作，使用了电车式的类比，援引了里贾纳诉杜德利案、史蒂芬斯案和泽布吕赫灾难，来判定进行手术是否为蓄意杀人。

最终法院判决应当进行手术。2000 年 11 月 7 日进行了手术，与医生预料的结果一致，玛丽死了，而乔迪存活了下来。

11.6　纳粹思想实验

许多人都受到了帕累托式推理的影响，这是一些人口中所谓道德法则的一个特征。经过哈佛大学道德感测试校验的全球道德直觉数据库揭示了一个复杂的格子状的道德大厦。在哈佛，我观察了一名研究员询问实验参与者一个与我们描述的问题拥有类似结构的让人苦恼的问题。实验参与者被要求想象她跟一群躲避纳粹分子的人在一起：她的孩子在哭泣。如果她不将孩子闷死，整个一群人都将被发现并被杀害。道德感测试将这一事例同类似的情景放到网上。例如，一个事例为一艘救生艇即将沉没，船上所有人都会死，除非一个人被抛弃以便减轻负载。

这个事例的一个非同寻常的特点是其结果呈现出一个巨大的性别分歧。大约50％的人认为在救生艇事例中将一个人扔出船外是合理的,但在持这一观点的人中,女性比男性少得多。尽管如此,马克·豪泽称:"当涉及我们不断发展的道德能力时,看起来我们表述总是一致的,那就是人类的声音。"[13]

道德分类学家约翰·米哈伊尔按照方法(在岔道情景中扳动开关)、目的(阻止五个人被轧死)和副作用(杀死岔路上的人)对行为进行解构。殴打——会引起伤害性的和令人讨厌的身体接触——尤其是不被允许的。在胖子情景中,副作用包括用殴打杀人,这就是为何杀死胖子被明显地(至少对多数人而言)反对。

一旦成功捕捉到让我们对世界做出伦理反应的原则,在理论上,计算机可以被设计成像人类一样对外界做出反应。换句话说,如果我们能够把道德考虑简化为运算法则,就能够把机器人制造得像我们人类一样行事。

这将具有重大影响,例如对战争。未来的战争是机器人的战争,战争中机器将越来越"自主"地作出决定,而不需要人类监视。[14]如果还有人觉得机器"特工",像艾萨克·阿西莫夫的小说或者电影《银翼杀手》(*Blede Runner*)里的那样,只局限在虚构的世界，那未免太天真了。

谷歌无人驾骑车是一个先进的发展阶段的代表物。在世界上许多城市的机场，无人驾驶电车作为新的标志正在登上舞台。例如，在哥本哈根，一切都由中央电脑操控。我们可以想象，一辆失控的无人驾驶电车可能面临在杀死五个人和杀死一个人之间做出"选择"，它将被设定好以对此情况做出合理的反应。

人工智能机器——不论是无人驾驶电车还是拿枪的机器人——可能都能比人类更好地"行事"。在有压力的情况下——比如着火时——人类可能会去推胖子，他们回忆时可能会后悔做出这个动作。机器的"决定"则不会被肾上腺素上涌而影响。

软件工程师们唯一需要达成一致的事就是了解道德规则是什么……

第三部分
思想、大脑和电车

第十二章　不理性的动物

我可以计算天体的运动，但算不出人们的疯狂。

——艾萨克·牛顿

比起挠手指，我更喜欢整个世界的毁灭，这与理性并不冲突。

——大卫·休谟

当一个人刚刚获得极大的荣耀并且吃了一点儿东西时，他是最仁慈的。

——尼采

当提起胖子情景时，哲学家想得到一个道德问题的答案：我们**是否应该**把他推下去？哲学家对规范性（价值）问题感兴趣——例如，我们**该**如何生活？

科学家能来帮忙吗？这里的科学家是广义上的，包括心理学家和神经科学家。一般而言，科学家对不同的、非规范性问题感兴趣。我们为什么这么回答？我们如何做出判断？我们的行为受什么影响？苏格兰启蒙运动哲学家大卫·休谟（1711—1776）认为，事实与价值之间存在差异，因此我们如何**做出**判断的描述无法决定我们**应**如何判断。毕竟，即使事实证明我们人类天生就是种族主义者（或者至少喜欢我们的核心团体胜过外围团体），那也不能证明种族主义在某种程度上是可以被接受的。但已经有一代科学家开始研究电车问题了，而且他们中一些人宣称实证发现具有规范性的含义。

12.1　面包和混乱

对那些希望相信人类的内心充满了理性和善意的人而言，社会心理学的多数著作会让他们感到不安。耶鲁大学心理学家斯坦利·米尔格拉姆在20世纪60年代做的实验显示，当有一个权威人士让人们去做一件坏事时——在这个事例中，坏事指旋转按钮对别人进行电击[1]——许多人都乐意将良心抛在脑后。斯坦福大学心理学家菲利普·津巴多进行的监狱实验的结果也显示，当给人们一个（假冒的）合法权利时，他们的行为可以坏到什么程度。在一个角色扮演实验中，让一些实验参与者扮演守卫，另一些扮演囚犯，被关在模拟的地牢里。许多"守卫"很快开始显示出对"囚犯"的虐待倾向。

在另一项被经常提及的实验中，有人通知普林斯顿神学院的神学学生，让他们对好心的撒玛利亚人[2]的寓言进行演讲。当他们被派往学院另一端去演讲时，一些人被告知他们已经迟到几分钟了。在他们到达目的地之前，遇到了一个摔倒在走廊上的人，这个人边咳嗽边呻吟，明显遇到了困难。绝大多数觉得自己很着急的人忽略了这个倒在地上的人，一些人甚至从他身上跨了过去。[3]实验的结果令人惊讶。人们可能认为那些思考着好心的撒玛利亚人典故的人应该认识到，在茫茫宇宙中，帮助一个陌生人比准时参加研讨更加重要。

然而，至少还有一种不怎么样的理论可以解释他们的行为：让人们等待是不礼貌的。但最近有许多研究表明我们的伦理行为似乎同无数的不理智和非理智的因素相关。例如，在手机普及之前，一项美国的研究表明，对于那些刚从公共电话亭走出来的实验参与者，如果之前他在电话的退币口捡到了一角硬币，那么，这个人帮助掉落了一堆文件的过路人的概率更大。这一微不足道的运气，尽管价值甚微，却对人们的行为产生了巨大的影响。但另一项研究证明，我们的行为受到气味的影响。如果我们正在面包店外，闻到了烤面包的香气，我们就会对其他人更加慷慨。我们填写调查问卷的桌子是干净整洁还是污渍斑斑，将会影响我们对道德问题的答案，包括其中对定罪和惩罚的选项。可怕的是，法官判决囚犯是否可以获得假释似乎取决于他上一顿饭到现在的时间。[4]

尽管我们喜欢自我欺骗，认为我们根据充足的信息、缜密的思索就能自由做出决定，但越来越多的实验证据显示，理性在无意识的影响面前经常靠边站。这样一来，我们的行为比我们之前所认为的更加"情境主义"，容易受到各种环境的影响。而且这些调查结果对那种认为性格特征是一成不变的观点也是一种打击。这种观点认为，勇敢的人始终勇敢、小气的人始终小气、热情的人始终热情。这也可能会影响到政府和教育政策，也许我们应该更加注重改变环境，而不是改变性格。正如安东尼·阿皮亚所说："你是否想要人们乐于助人？结果表明，让他们经历小小的好事比花大力气改善他们的性格更有助于此。"[5]

12. 2　三维的电车

"电车"为心理学家提供了大量的方便快捷的研究资料。

哲学家将电车困境展现在研讨会、论文和荧幕上。但在荧幕上阅读到的文本和现实生活中的情况差之千里。

那么如何在现实中构建不让实验参与者起疑的电车情景呢？烤面包的气味或者补锅的声音都可能对人们是否决定帮助遇到困难的陌生人产生影响，测试这些情景对行为产生的效果轻而易举，但测试现实的"电车反应"就不那么容易了。

这可难不倒手法巧妙的心理实验家们。2011年进行的一项研究将实验参与者放在三维虚拟现实环境中。在一个场景中，电车冲向五个人，实验参与者可以将其转向去撞一个人。在另一个场景中，电车无论如何都会撞上一个人，所以实验参与者没办法阻止五个人被撞死（尽管可以选择将电车转向以确保其撞向五个人）。在一次复制现实的尝试中，当电车刺耳地冲向铁轨上的人时，能听见实验参与者痛苦的尖叫声。这项研究带来了自己的伦理问题：几个人被实验搅得心神不宁而中途退出。在上面两个事例中，大多数坚持完成实验的人选择为了救五个人而杀死一个人或者让一个人死亡。但是，当被要求采取积极的行动拯救那五个人时，与什么都不做而得到同样结果相比，实验参与者的情绪变得更加激动。[6]

心理学家们也改变了其他的变量。一个实验将实验参与者被分为了两组。在让第一组接触电车问题之前，先给他们播放了一段五分钟的滑稽电视秀——**周六夜现场**。第二组必须观看完一段无聊的关于一个西班牙村庄的纪录片。看过喜剧而因此（大概）用快乐的情绪思考生死问题的实验参与者，更倾向于选择让胖子死去。[7]

其他研究显示，甚至胖子的名字都会对我们产生影响。实验参与者有两个选择：一是把"泰伦·佩顿"（典型的非洲裔美国人名）推下桥，救100名纽约爱乐乐团成员；二是把"奇浦·埃尔斯沃斯三世"（一个能让人联想起盎格鲁－撒克逊古钱币的名字）推下去，救100名哈雷姆爵士乐团的成员。研究人员发现，保守派对这些选择无所谓，但在自由派中，贵族化的奇浦不如泰伦受欢迎。也许是自由派尽力使自己不做种族主义者——抑或奇浦·埃尔斯沃斯三世让人想起了财富和特权，而这些人是出于平等主义的想法进行的选择（或者再糟糕一点儿，出于嫉妒）。[8]

有趣的是，尽管只有10%的人会推胖子下去，但当困境中出现的是动物而不是人，我们的功利主义本能就更加强烈了。因此，一项研究向实验参与者，他们是否会为了救五只猴子而将一只胖猴子推下桥，答案是"会"。人们不反对将动物作为实现更高目的的手段。我们关于动物典型的反映不是康德式的，而是边沁式的。[9]

12.3　珍妮特和乔纳森

尽管有无数因素可能会影响我们的行为和道德判断，但有一个共识逐渐显现：这涉及两个宽泛的过程。如何界定这两个过程，还有如何保持这二者之间的平衡，这两个问题仍存在很大争议。但这一二分法，尽管采用了21世纪的工具和方法，却反映了18世纪最重要的两位哲学家之间更古老的冲突——大卫·休谟和伊曼努尔·康德。休谟写道："理性是，而且应当仅仅是情感的奴隶。"[10] 而康德却认为，道德必须由理性驾驭。

在诸如《感性的狗和它理性的尾巴》（The Emotional Dog and its Rational Tail）等开创性论文中，心理学家乔纳森·海德认为，其实是感性做了更多的工作。海德主要探究了我们道德中的那些会引起反感或者厌恶反应的方面。下面拿他最有名的虚构情景做例子。朱莉和马克是亲兄妹，大学暑假时在法国旅行。一天晚上，海边的小木屋中只有他们两人。他们觉得，如果他们尝试做爱肯定会很有趣，至少对各自都是一种新体验。朱莉已经服用了避孕药，但为了确保安全，马克还是用了安全套。他们都很享受做爱，但他们决定只此一次，下不为例。他们把共度的一晚作为特别的秘密，作为一件让他们感觉更亲密的事情。[11]

如果你不觉得朱莉和马克的性行为很恶心，那么至少你属于极少数人。海德发现，几乎他问到的所有人都或多或少地认为这对兄妹的行为应该受到道德谴责。当他继续问人们为何觉得这种行为是错的时，实验参与者会努力地想解释他们的感觉。因此，他们会先说这是因为担心由性行为产生的后代可能会有遗传缺陷。海德提醒他们，这两兄妹已经采取了两种避孕措施，根本不会有意外发生。或者他们可能会担忧由此事产生的长期的心理影响，而忘记了对朱莉和马克而言，这种经历是完全积极的。

在这个例子中，没有人受到伤害，但人们仍旧觉得发生了一件不道德的事，然而却没人能准确指出它为什么不对。他们困惑而沮丧地无言以对。他们评论道："那个，我打心底就知道它是错的。"海德给这种感觉起了个名字："道德无语"。[12]

在一项实验中，海德和一位同事使用催眠术，让人们在听到一个任意挑选的词语时感到厌恶。这个被随机选出的词语就是"经常"。他们发现，如果一个情景里出现了这个词语，被催眠的实验参与者在判断任何道德错误时会更加粗暴。更震撼的是，在很明显没有道德错误的情况下，为数不少的人仍然认为发现了错误，看下面这个例子。"丹是他所在学院学生会的代表。这个学期他负责为学术问题的讨论会安排日期。他经常挑选能够引起教授和学生兴趣的话题来刺激讨论。"当实验参与者被问到为何觉得丹做了错事时，实验参与者会费力地寻找答案："就是感觉他有什么阴谋。"[13]

20 世纪 70 年代有一个搞笑类节目叫《莫克姆和怀斯》(More cambe and Wise)，是当时英国最流行的喜剧电视节目。埃里克·莫克姆和埃尔妮·怀斯会表演一系列的小品，而当马上要结束的时候，一个在之前表演中从未出现过的、名叫珍妮特的大块头妇女会穿着晚礼服走上台。她会把埃里克和埃尔妮赶到一旁并宣布："我要谢谢大家观看我小小的表演。"乔纳森·海德认为理性就扮演了珍妮特的角色。它在最后一分钟出现，什么都没做却占据了所有的荣耀。

然而，虽然海德相信是感性进行着统治，其他人却不那么确定，他们将理性和感性的冲突看做是一场真实的拔河比赛。

第十三章　和神经元的较量

心脏有它的理性，而理性对此一无所知。

——帕斯卡

行动吧，让你的行动毫无疑问地成为整个世界的法则。

——伊曼努尔·康德

"你站在被告席上，被指控杀了一个胖子。你会怎样为自己辩护？"

"我有罪，大人。但为了减轻罪责，我想说我的选择、我的行为都是由我的大脑决定的，而不是我。"

"你的大脑什么也决定不了。决定者是你。我宣判你是一个厚颜无耻的人并要苦读十年哲学。"

13.1　点　亮

过去的十年，在扫描技术发展的驱动下，对大脑各个方面的研究蓬勃发展。核磁共振成像（Magnetic Resonance Imaging，MRI）扫描产生了有趣的结果。扫描仪的工作原理是感知血流的细微变化。当大脑某个部分比所谓的休眠状态有更多的活动时，神经科学家称该部位处于"点亮"状态。尽管研究刚刚起步，但大量有力证据显示，大脑的特定部分会产生特定作用、发挥特定功能。实验参与者躺在粗大（而且有噪音）的管道中接受扫描，同时从事着某种活动，比如，听音乐，使用语言，看导航地图，想象自己从事着各种身体活动，观察人脸，鉴赏艺术品，看像蟑螂、粪便等恶心的生物或物体。

当我们做出道德决定时，大脑中所发生的情况同样受到了观察。电车困境引起了剧烈的矛盾的直觉拉锯战，因此它们名列最受欢迎的案例研究之中。这一领域最著名的超级明星就是哈佛大学心理学家和神经科学家约书亚·格林。

格林求学时是一名辩论家，他本能地受到了功利主义的影响。当讨论个人权利与更广大的利益哪个更重要时，他会选择边沁的而不是康德的观点，即重要的是结果。然而，当他第一次遇到器官移植情景时，他产生了困惑：为了使用其器官而杀死一个健康的年轻人肯定不对，即使这会救五个人的性命。他的功利主义信念动摇了。

在哈佛大学读研究生时，他接触到了电车问题——这对一个笃信功利主义的人而言是另一个让他困惑的难题。但是，他本人表示，当遇到菲尼亚斯·P·盖奇的事例时，他才真正领悟了其中的道理。这个事例是他在以色列参加妹妹的成人仪式期间，在宾馆房间里读书时看到的。

13.2　铁棍事例

菲尼亚斯·盖奇是一个二十五岁的建筑工头，成了铁路事件真实的而不是假设的受害者。他的工作是协调一队工人修建一条穿越佛蒙特的铁路。为了使道路尽可能直，他们偶尔会在岩石堆中间开辟道路。一个夏日的下午4：30，发生了一起灾难性事故。一个引信被提前点燃了，导致了大爆炸。用来将火药压紧的铁棍从盖奇的腮部穿入，经过他大脑的前部，从他的头顶穿了出来。

盖奇没有立刻死亡简直是个奇迹。更神奇的是，几个月之后，他看起来在身体方面已经完全康复了。他的四肢能自由活动，他也有视觉、触觉，还能说话。不过之后发生的事把他从医学奇迹变成了学术事例研究的对象。尽管他身体大部分能像以前一样运转，但很明显他的性格发生了改变——变坏了。他之前负责而又自律，但现在他冲动、喜怒无常而且不可靠。尽管很难将事实和传闻区分开，但一项报告称，他的语言变得非常粗俗，因此女性被建议不要与他交谈。

在其著作《笛卡尔的错误》（*Descartes Error*）中，神经科学家安东尼奥·达马西奥称，盖奇有意识，但没有感觉。[1]"就是它了！"在宾馆房间里格林想道，"那就是在天桥事例和器官移植事例中所发生的。我们**感觉到**不应该推那个胖子。但是我们**认为**救五个人比救一个人更好。感觉和想法是不同的。"

格林接受过哲学和心理学的教育，因此他是将神经科学引入电车谜题的第一人。他开始给面对电车问题的实验参与者进行脑部扫描，扫描仪会挑选出在相应的大脑活动中产生的异常。

格林将电车事例描述为一场大脑中负责计算的部位和负责情感的部位之间的激烈较量。这是一场比海德所描述的冲突更加势均力敌的较量。遇到胖子困境时和面临是否用你的双手杀死他的选择时，位于眼睛后方、被认为对控制诸如同情之类的感觉至关重要的大脑组织（杏仁核、后扣带回皮质、内侧前额叶皮质）开始超速运转。推胖子的想法"触发了大脑中感情的警报，让你说'不行，那是错的'"。[2]没有那个虚拟的警报，我们会默认使用功利主义的算式。大脑中负责计算的部位（背外侧前额叶皮质和顶下小页）计算多种多样的成本与收益，不仅是道德的成本与收益。在岔道情景中，等式并不复杂：用一个人的成本获得五个人的收益。

　　一架相机为另外一个对人们有帮助的格林暗喻提供了基础。相机有自动设定功能——例如，拍摄风景的设定。这很有用，因为节省时间。我们看到想要拍摄的景物，只需按下快门。但偶尔我们也想浪费些时间，尝试一些新鲜不寻常的、有些附庸风雅和前卫的事物。我们可能想要中间的图像模糊。我们能达到那一效果的唯一方法就是切换到手动（计算）模式。"情感反应就如同相机的自动反应。灵活的行为规划则是手动模式。"[3]

　　普遍认为，大脑中负责控制感性的部位早在大脑负责分析和计划的部位之前就已得到进化。在道德困境中，我们可以期待感性比理性更快地得出结论。研究显示，强迫人们快步行走会减少他们的功利主义倾向。[4]

　　似乎在两种设定之间的斗争由一项被研究人员称作"认知负荷"的研究很好地证实了。当实验参与者思考电车问题

时，他们的认知过程同时也在进行着另外一项任务——一般
是观看（或者计算）闪现在荧幕上的数字。在这种情况下，
实验参与者做出功利主义回答的速度会更慢，例如在岔道情
景中杀死一个人以拯救五个人（当认知过程繁忙的时候）。但
认知任务在胖子困境时没有造成区别，因为这一情景主要牵
涉感性。

格林认为，当人们思考是否该杀死胖子时通常出现的情感
退缩主要包含两个原因。一是"靠近和个人"效果（up close
and personal effect）：推这个动作的肢体性特质，也就是用一
个人的肌肉对另一个人施加直接影响，让我们退缩。证据显
示，即使推的动作不需要直接用手，而是用一根长杆，但需要
使用相同的肌肉时，结果也一样。这种结果可以用陷阱门事例
加以验证。

在陷阱门情景中，我们可以通过扳动一个开关（就像岔道
情景中的开关一样）来阻止电车并救下五个人。这个开关将打
开一个陷阱门，恰巧胖子站在上面。尽管大多数诡辩的律师都
找不出用开关杀人和用手杀人的显著道德差异，被问到电车问
题的实验参与者却更加愿意用前者而不是后者杀死胖子。不
过，不论需要一个开关还是直接推他一下，大多数人仍然相信
杀死胖子比在岔道情景中改变火车的方向更糟糕。

图 13—1

陷阱门。 失控的电车朝着五个人驶来。你站在铁轨边上。唯一能够阻止电车并拯救五个人的方法就是拉一下操纵杆,这么做会打开一个陷阱门,而胖子恰好站在上面。胖子将会跌落地面并被摔死,但他的尸体会挡住电车。你会打开陷阱门吗?

这就是说，肯定还发生着别的什么事……

格林说，第二个原因恰好和双重结果原则类似。我们更不愿意故意伤害他人，特别是当这样做是实现既定目标的手段，而不仅仅是一种副作用时。这两个原因——身体接触和伤害的意图——"各自的影响微乎其微，但当你把它们组合起来，它们就会产生比各自单独的效果简单加和要大得多的效果。这就像药物相互作用，如果你服用了甲药物，你没事，如果你服用了乙药物，你也没事，但一起服用的话，嘭！"[5]推胖子的动作将身体接触和伤害的意愿相结合，就产生了这种感性上的"嘭"。

13.3 进化的误差

对于人们下意识地在使用肌肉和转动开关之间划出奇怪的道德差别，格林有一个有趣的可能仅仅是推测的进化论的解释。我们对那些在进化过程中已经适应的环境中，可能引起伤害的事物有着特殊的厌恶。在我们进化的过程中，我们直接与其他人互动，力量来源于我们自身的肌肉。使用肌肉推另一个人暗示着涉及暴力，而出于明显的原因，通常最好避免暴力。

这些实验关注道德判断，而不是行为，也就是人们实际如何做。但是，道德判断和行为是相联系的。不论我们对格林的进化理论是否买账，杀人的心理上的深远意义早就超出了电车学的学术范畴。巴基斯坦和阿富汗的天空定期有美国无人飞机掠过，而操纵无人机的人却在数千英里外的美国，而且通常是比较年轻的人。在 2011 年之前的 7 年中，巴基斯坦有 2 680 人可能被美国无人机杀死。[6] 无人机代表了未来战争的模式。目前一些无人机被用作执行侦察任务，但另外一些却正在瞄准人群和建筑。不论我们发现是通过移动控制杆杀人更容易，还是通过用刺刀穿透喉咙杀人更容易，就行为自身而言，都是道德所不允许的。然而，如果我们面对致命的敌人，我们可能需要士兵对杀人更少感到内疚。但如果正如看起来那样，通过摇动开关比用刺刀穿刺更容易杀人，那我们需要了解这一情况。

这一争论可以融入一个更广泛的讨论之中，那就是进化是否让我们在伦理上更好（或者更坏）地适应了当今时代。哲学家，尤其是笃信功利主义的哲学家，强调了以下显著的不一致性。如果我们路过一个浅水池时看见一个小孩溺水，我们多数人会本能地跳下去救她，哪怕我们身穿名贵的衣物也会如此。如果当这个孩子挣扎时，有一个人袖手旁观，事后解释说她不能跳下去，是因为她穿着最喜欢的价值 500 美元的范思哲裙子，那么我们肯定会勃然大怒。但如果慈善机构来信说同样的钱能够拯救地球另一端的生命，我们却很少有人会回复这样的来信。

　　救一个我们面前的陌生人和救一个离我们很远的陌生人，这二者之间似乎并没有明显的伦理区别，但对于我们自相矛盾的反应，存在着一个貌似可信的进化论解释。现代人脑的进化始于原始人类的狩猎阶段，当时人们生活在 100～150 人左右的小团体中。关照我们的后代和与我们合作的少数人对我们有利（在进化的意义上）。我们不想也不需要知道山的那边、谷的那边或者湖的那边发生了什么。现在技术给我们带来了世界其他地方发生大灾难的即时消息。我们在回应这些事件时显示出漠然态度不足为奇——虽然这样的反应在道德上站不住脚。彼得·辛格给出了下面的电车式例子：

　　　　假设我们在风暴中的一艘船上，看到了两艘倾覆的游艇。我们可以救一个抓住倾覆的游艇的人，或者救我们现在看不见，但知道被困在另外一艘倾覆游艇内的五个人。在游艇撞击礁石而我们要救助的人很可能溺亡之前，我们只有时间开近到一艘游艇旁。我们能辨认出单独的那个人——我们知道他的名字和长相，尽管我们对其他方面一无所知且同他毫无瓜葛。我们对困在另外一艘游艇里的人并不了解，除了知道他们被困在游艇内。[7]

无数的研究试图解释我们的道德决定——例如我们为某项事业捐赠多少钱，或者我们认为一种惩罚应该严厉到什么程度——很大程度上取决于我们能否辨认出被我们行为影响的人（们）。[8]但是，辛格评论其例子时说，我们肯定应该救五个人，即使进化实际上诱使我们对能辨认的受害者表现更多关心。我们需要从辛格的情景中得出一个明显的结论：我们的一些本能不适合我们的时代。在这个时代，人们生活在一个充满了匿名群体的相互关联的世界中。

进化的力量在另外一个意义上塑造了我们的道德本能。进化给了我们关于如何做的启发——经验法则。因为在每种情况下都精确计算如何做的时间、金钱或者信息有限，因此经验法则很方便。它们在驾驭复杂情况时很有用，而做决定通常都很复杂。然而尽管这一启发在多数情况下对我们起作用，它也可能让我们失望。一方面，如前所述[9]，规则会相互矛盾，因此我们需要一个解决冲突的程序。如果我们需要用撒谎来救人的话，"救人"和"不说谎"就会矛盾。而且，有时候一个规则会使用暗示、信号或者代理，这既能产生错误肯定，也可能产生错误否定。拿反对乱伦的启示规则举例，不要近亲繁殖有着合理的医学和生物学理由。进化似乎给了我们反对乱伦的经验法则：对于和你一起长大的人，你不会发现其性感的特质。这一规则对我们挺管用，但是当一对兄妹在童年被分开，当他们后来再相遇时，就可能感觉到对方的吸引力。这在以色列的集体农场中得到了验证，因为在那里，不同家庭的孩子们在一起成长，长大后他们感觉不到相互的性吸引力——结果导致集体农场中的结婚率很低。[10]

13. 4　永别了自由

科学家小而言之能够对胖子困境作出贡献，大而言之对道德的理解也作出了贡献，在某种层面上讲这一点根本不足为奇。在大脑和道德之间当然是有联系的，并且很难想象二者如果不存在联系，那会是怎样的情形。我们的行为和我们的信仰应该至少部分是我们神经系统的产物。没有大脑就没有信仰。

这一点的最新表现就是我们对建筑和设计工作原理的深入理解。大脑各部位的分工，还有它们之间的联系。这是一个与神经伦理学进入法律范畴相关的辩论。未来我们可能会听到更多类似这样的自我辩护——"不是我，是我的大脑"。我们的司法体系建立在人类能够自由行事和自由选择的观念之上。当一个人被迫做某事时，我们认为这个人不应该对其行为负责。

我们对大脑功能的新发现越多，我们就越能解释和预测行为，自由意志的运作空间也就越来越小。至少看起来如此。

然而，"兼容主义者"认为，自由意志是与我们在思想和行为上的完全因果性并行不悖的。哪怕一台包含有无限数据的巨型计算机能够准确预测一个人的行为，那也不能暗示——兼容主义者坚持认为——行为不是自由的。这个断言看似令人迷惑，至少在我看来是如此。虽然兼容主义者对自由意志的立场可能在为这一课题撰文的哲学家中颇受欢迎。但不论我们在这一激烈的争论中采取什么立场，都会有更多人不可避免地要求法院考虑以生物学为基础的借口和基于大脑扫描和医疗证据的自我辩护。

来看一下发生在2000年的好色成性的性骚扰案例。一位中年美国男子有过多年的幸福婚姻生活，从未显示出异常的性癖好。几乎在一夜之间，他养成了对嫖妓和儿童色情的兴趣。他的妻子意识到了这一点，当他接近他的继女时，他的妻子向有关部门报了案。她的丈夫被认定犯有儿童猥亵罪并被判接受心理康复治疗。但这丝毫没有阻止他，他继续在接受康复治疗的地方骚扰妇女。似乎他注定要有牢狱之灾了。

有段时间他被头痛困扰，而且越来越严重。就在对他宣判的几个小时前，他被送往医院，医生在检查脑部时发现了一个巨大的肿瘤。而肿瘤被切除后，他的行为恢复了正常。这本该是故事的结局，但六个月后他十分不当的行为又开始作祟。这个人又去看医生，结果是第一次手术中被忽略的一部分肿瘤现在扩散了。第二次手术获得了圆满成功，立即根除了病人的异常性癖好。这个人因此而避免了牢狱之灾。

肿瘤可能是个极端事例。如果肿瘤的生长完全改变了他做出的决定，那么没有多少人会认为他应对其行为负责。但是在未来，神经科学家将指出一些现在没有被归入"重病"、"小病"或"状况"之列的生理原因。一个神经科学家会说："玛丽在商店中偷窃行为可以被解释为是其大脑中的化学成分和突触所造成的。"在理论上，这种借口和提到肿瘤的借口应该同样具有说服力。[11]

神经科学家研究大脑与伦理的关系的一个重要途径就是通过研究由事故损伤或者疾病导致的非典型事例。尽管神经伦理学是一个专业领域，但日渐清晰的神经伦理同专家所描绘的大脑其他部位的科学类似，不论是语言、感觉、人脸辨识、大脑与身体的关系，还是意识。大脑是精密、复杂而又相互联系的器官，处在不确定的平衡之中，结构上的一小部分的缺失、移除或者连接错误都会导致怪异的现象和古怪的行为。

替身综合症是一个完美的例子。如果患有替身综合症，一个人会认为他的妻子或者父亲或者好友被别人冒名顶替了。在过去，有这种想法的人会被认为是疯子。但是像维莱亚努尔·拉马钱德兰这样的神经科学家被这种事例所吸引，致力于寻找生理学的解释并找到了一个简单的答案。我们大多数人对辨认人脸和储存关于人们脸部的信息都很在行。如果被问起，也许我们不知道一对兄弟面孔的区别在哪儿，但在他们面前，我们能毫无困难地区分出他们。这项关键的技能似乎依赖被称作梭状回的脑部组织的正常运作。该组织受损将导致人面失认症，也就是无法辨识人脸。据拉马钱德兰称，替身综合症患者的人脸识别功能正常，但梭状回和边缘系统（对我们的感情生活至关重要）之间的信息传输存在问题。当替身综合症患者看到一个人长着其母亲的面孔而没有受到任何情感刺激时，他们就会认为这个人是骗子。[12]

13.5 双系统

人类的典型伦理观依赖于神经系统的平衡。

约书亚·格林最初认为这是情感和计算的对立，海德认为是情感和理性的对立（在他最近的著作中，是自动性/直觉和理性的对立），而获得了诺贝尔奖的心理学家丹尼尔·卡内曼则认为，是快系统和慢系统的对立。[13]

这些双系统不需要彼此完全独立。因此，如海德坚称的，即使情感坐在了驾驶员的位置上，理性也可能扮演了一个具有影响的角色——驾驶教练。例如，在大多数发达国家，同性恋已经不像之前那样让人们反感了——因此人们不太可能认为该行为是错的。但据推测，在如何看待同性恋这一社会准则的改变过程中，理性至少扮演了某种重要的角色。[14]

许多从事道德科学研究的人认为他们的发现有规范性。因此海德称，在他描述的乱伦情景中，人们应该克服他们的厌恶反应。两个成年人都同意，而且也没有造成伤害，理性告诉我们不应该反对。格林认为，我们对情景的自发反应——尽管非常有用——有时也会哑火，在道德困境中，我们的计算方面应该占主导：我们应该切换到"手动模式"：我们该推胖子，尽管我们的本能对此感到厌恶。彼得·辛格对此表示同意：如果对推胖子的反对是受到大脑情感机制的驱使，那么我们应该克服我们的恐惧心理。[15]

一些人很少或者没有恐惧。现在科学家在研究是什么让一些人比其他人更倾向于功利主义。擅长于视觉形象的人的功利主义本能更弱（据猜测，杀死胖子的图像给了他们更大的冲击）。[16] 如果强迫实验参与者用更长时间思考一个问题，他们的判断将比立即做出的决定具有更浓的功利主义色彩。[17]

感情同大脑前额叶密切相关，这一点至少自铁棍改变了菲尼亚斯·盖奇的行为这一案例后就已经为人所知了。我们可以猜测在事故发生之后，菲尼亚斯·盖奇对电车学中的虚构铁路灾难将是什么反应。过去几年中，专家已经对脑正中前额叶皮质受损的人进行了多项研究。[18] 这些患者对胖子的命运更加漠然。觉得为了救其他人而将胖子推下去摔死可以接受，患者中持这一观点的人是正常人的两倍。当询问患者一些之前讨论过的惊心动魄的情景时，例如躲避纳粹的父母为了阻止整个人群被发现，必须掐死自己的亲生孩子时，也有类似的发现。受损的患者比健康人感到更少的内心矛盾：在他们看来掐死孩子更合理。他们对引起伤害的情感反应更小。

还有对心理变态的相关研究。心理变态患者以及有心理变态特征的人，比其他人更倾向于在电车式情景中同意直接伤害行为。[19] 一些心理学家将他们专业的视角转向了像杰里米·边沁这样的死板的功利主义者：一篇文章指出他的道德观与亚斯伯格综合症的症状相关。[20]

确定这些研究对道德的意义并非易事。如果某种类型的大脑损伤与功利主义之间的确有联系，那我们是否能说，有时候大脑损伤的患者比其他人有着更清晰的道德观？或者，我们是否能将此类发现作为功利主义不够圆满的证据——那些鼓吹推胖子的人的伦理功能存在基础缺陷？后者至少能说得通。既然心理变态患者在一些没有争议的事例中无法判断什么是对的，那么认为他们在电车事例的判断也值得怀疑似乎是顺理成章的。换言之，心理变态者患更可能同意杀死胖子的事实，给杀死胖子是错误行为这一判断提供了一个不太充分的证据。

13.6　神经杂音

神经科学正在挤进许多学科。它新颖、刺激，而且会产生出令人着迷的结果。但也有批评者在猛烈地批评它，尤其是当它打算介入伦理学之后。一种批评认为它的方法有缺陷：它是一种蹩脚的科学。

大脑扫描的确是一个仅有粗糙刻度的粗糙工具。让实验参与者躺在一个长管子里测量反应根本无法复制任何现实的困境。不论患者对困境有多么投入，不论他们多么成功地想象自己身临其境，他们还是感觉不到怦怦跳动的心脏，出汗的手掌，还有现实生活中的恐惧、惊慌和焦虑。没有通常的声音、气味和景象。背景中没有说笑或者熙攘的街道噪音，也没有雨滴或者阳光。[21]

问题不是阳光**会**影响我们的决定。我是否给地球另一端的干旱灾民捐款不该取决于我的情绪是否受到了天气的影响。但现实生活的确包含诸多影响性因素,因此当身处白色管道却要想象现实生活并且进行推断时我们要谨慎。

但有一个针对神经科学结论更为基础的批评。这一批评的主旨是,神经科学存在分类错误。20世纪英国哲学家吉尔伯特·赖尔,也就是发明了分类错误的人,用一个美国游客的例子对此进行了解释。一位美国游客到了牛津大学,在参观了谢尔登剧院、博德利图书馆、各个院系之后,天真地问道:"但大学在哪儿啊?"就好像大学是某个独立的物理实体一样。

与此相关的观点就是,将观念、选择和动机、欲望还有偏见都归咎于大脑是一种分类错误。赖尔受到维特根斯坦的影响,而许多神经科学的批评者本身也是维特根斯坦主义者。对神经科学的维特根斯坦式的批评是,心理属性不能归因于大脑,只能归因于人类。他们说,思想和大脑不同。我(在犹豫不决时)会迷惑是否将电车转向。我的大脑却不迷惑。我可能在想到使用体力杀死胖子时会退缩。我的大脑不会对这一做法感到震惊。我可以计算一人丧命比五人丧命更好,但并不是说我的大脑也进行了这样的计算。当然，如果我的大脑不运转了，我也运转不了，但这不是说我就是我的大脑。一辆电车离开发动机就无法运转，但电车不是发动机。[22]

然而，大多数对神经科学持怀疑态度的人都不得要领。总体而言，当神经科学家谈论大脑产生迷惑或者震惊时，他们用的是比喻。[23]对神经科学持怀疑态度的人又用另一个错误对神经科学发起了诘难。对神经科学持怀疑态度的人称，对行为最好的理解方式不是窥探大脑，而是让人身临其境。但这种批评也很无力。因为只有最愚钝的科学家才会认为大脑活动是人类行为和意识状态的唯一或者最佳解释，或者能够代替其他解释。要是认为恋爱或者一个人的政治观点能够具体追踪到是由大脑的某个部分决定的，那确实愚蠢。爱情和政治不能缩减为某种化学变化。大脑在人体中，而人属于文化和社会。要回答一个人为何给民主党或共和党投票，不能将其解释为双耳之间神经的弹球游戏。

尽管如此，没有大脑，人们就不可能恋爱和拥有特定的政治观点，并且神经科学家发现了一些行为、信仰、感觉和神经学活动之间的联系，这些证据不可忽视。如我们所见，对正中前额叶皮层的损伤会改变道德判断。我们现在也理解了前额叶皮层参与了抑制行为——如果它被损伤，患者可能"在商店经理面前偷窃、当众脱衣、在禁止标志前奔跑、在不适当的时候突然唱歌、吃在垃圾桶中找到的残渣剩饭……"[24] 同样，神经科学家发现越来越多的化学物质导致了不正常或者破坏性行为，例如上瘾，不论是对食物、赌博、性，还是购物。神经递质，多巴胺，扮演着关键角色。有许多悲剧的事例，说的是帕金森症患者在采用多巴胺药物治疗后无法控制他们的冲动，葬送了他们的积蓄、事业和婚姻。

这提出了一个有趣的可能性，那就是我们自己可以开始摆布大脑来改变我们的道德观，并因此改变我们在电车事例中的判断……

第十四章　仿生学电车

你看起来好忧郁！你需要一克索玛①。

——奥尔德斯·赫胥黎，《美丽新世界》

检查你是否能信任某人最好方法就是信任他们。

——欧内斯特·海明威

　　如果杰里米·边沁统治世界，他会鼓励把胖子推下天桥，因为这种牺牲是为了更大的利益。但普通人不会让自己把胖子推下去，普通人认为自己的首要责任不是将幸福最大化；他们认为行为应受到制约，例如禁止伤害无辜的人。即使他们被杰

---

　　① 索玛，出自英国作家赫胥黎的《美丽新世界》，是一种使人幸福的神经制剂。——译者注

里米·边沁说服，确实推了胖子，之后他们也可能会感到巨大的悔恨，也许他们会受到回想和噩梦的折磨。边沁肯定认为负罪感和后悔都是不理智的。但人类并非总能掌控他们的情绪。努力成为功利主义者反而会让我们不幸福。

幸运的是，现在有了来自实验室的帮助。科学家们发现了愈发详尽的记忆的工作原理。海马体（一个小手指大小，因形状近似海马而得名的脑组织）是大脑的一部分，它的作用是储存记忆，并对信念和形象进行排列和排序。杏仁形状的杏仁核向海马体发出信号，告诉它哪些需要继续储存。杏仁核中的情感唤起越强烈，记忆就越可能被储存。

如往常一样，进化应该因为产生了一个完全实用的安排而得到赞美。我们忘记了大部分曾经发生在我们身上的事。但如果我们在大街上遭到陌生人袭击，我们需要确定我们记住了这次威胁：我们不想再次遇到类似的危险。有时候一个情景会引起过激反应，那是因为我们经历的情感影响太剧烈以至于点燃了记忆的导火索。这似乎是创伤后紧张性精神障碍（Post Traumatic Stress Disorder，PTSD）的症状，这种疾病很早就受到了军方的重视。PTSD患者会不断回忆起痛心的事件。他们的记忆可能会被排气管的"砰砰"声（听起来像炮弹的爆炸）以及同曾经受到创伤时情景的更加细微的联系所触发。看到朋友被射杀在战壕中的士兵在见到泥泞的田地时会惊恐万分。

最近，研究者发现如果在一个令人不安的情景发生后几小时内，实验参与者服用心得安——一种受体阻断剂——的话，他们得 PTSD 的概率会降低。更近的研究表明，心得安甚至能帮助那些多年患有 PTSD 的人。记忆专家用一个类比来解释这种药物的影响。想象一下你在图书馆订了一本书，这本书从书架上被拿过来。如果你在打开的窗户边上阅读，而又有阳光直射的话，这本书会稍稍变白。当你还书时，被存放起来的是一份变浅的副本。心得安的作用就像侵略性的漂白阳光一样。如果 PTSD 的实验参与者在被唤起不愉快的回忆的同时接受药物注射，那么那段记忆就会被减弱并重新储存在大脑中。

所以在理论上，尽管我们对推胖子这件事很反感，很快就会有药物被研发出来让我们削弱这方面的记忆。但是可能还有影响我们处理电车问题更为直接的方式——一片药，但这药的作用不是钝化创伤，而是改变我们的价值观。

14.1 道德大药房

科学很快将会为人们提供一种令人眩晕的增强大杂烩：体

质增强、认知增强、情绪增强。已经有了一些这方面的药物。数十年来，一些不诚实的运动员采用了化学/生物类药物来增强自身的身体机能。这些药物和医疗手段越来越成为人们关注的目标，并越来越复杂。对于认知增强而言也是如此。喝咖啡的人早就了解了咖啡因有恢复健康的作用。随着神经科学家对于人类学习语言、理解音乐、辨识图案、专注任务、记忆事实和叠加数字的方法的认识越来越充分，将来肯定会有为更多具体功能而专门研制的药物。

情绪增强药物的想法可以在《美丽新世界》中找到类似的影子。在奥尔德斯·赫胥黎的这本未来主义小说中（1932 年出版），书中提到的索玛让人们处于一种压抑的满足中。读者感觉这种迷幻剂是控制的媒介，使服用过它的人们的生活变得不真实、不现实。但喝啤酒的人早就知道陈年啤酒和麦芽酒对情绪的影响。像百忧解之类的抗抑郁处方药的使用在一些发达国家变得如此普遍，以至于几乎没有人会因为使用这类药物而感到羞愧。

比改变情绪更具争议的是"改善"道德。对态度的行为最有效的影响主要来自父母，同时也来自朋友、师长和社会，但并非总是如此。与我们的道德评价相关的化学和生物学的基础知识尽管比较薄弱，但发展迅速。我们开始了解如催产素、睾酮、抗利尿激素、血清素和多巴胺等天然化学物的影响。通过改变人体摄入的剂量，心理学家、医生和哲学家发现了这些化学物质是如何影响行为、如何改变对危险、沟通、讨价还价、合作、控制冲动和对奖励满足的态度的。这些化学物质甚至还会影响人们对生育和性的态度。

如果你想了解自然界中的生物，一个不错的选择就是平原田鼠。这些啮齿动物有着强壮的身体和毛茸茸的尾巴，但并不是最具诱惑力的生物，至少在人类看来是这样的。但是，对其种族的延续有利的是，雄性田鼠和雌性田鼠互相觉得对方有吸引力。一旦它们确定了配偶关系，它们在其短暂的生命中会始终保持着幸福的结合和对性的忠贞。

平原田鼠有一个近亲，草甸田鼠。雄性草甸田鼠与自己的近亲有一点区别：它们非常滥情，有点儿花花公子的味道。据了解，当平原田鼠交配时，会分泌一种叫做抗利尿激素的激素，回应抗利尿激素的细胞——接收器——位于大脑的快感区域。平原田鼠的快感的来源是交配对象，因此就在这一对"情侣"之间形成了一种联系。然而对草甸田鼠而言，接收器位于大脑的另一个部位，因此交配无法产生配对的冲动。但通过引进一个单独的新基因，一种影响抗利尿激素的感受器的基因，科学家成功地将雄性草甸田鼠变成了忠贞的爱人。

对于爱情和性而言，人类与田鼠似乎有许多共同点。针对瑞典双胞胎兄弟的一项研究发现，抗利尿激素吸收程度的差异与每个人对婚姻的忠贞程度有很强的相关性，这一程度由不忠和离婚的级别来衡量。想象某一天我们会要求伴侣进行激素测试，或者在更远的将来，甚至使用基因疗法来促进性忠贞，这并非无稽之谈。

以上谈到的是性。那我们能改变对另一个棘手的社会问题来源——种族——的态度吗？心得安，我们之前讨论过的β—受体阻滞剂，除了对记忆会产生影响之外，还有许多奇特的效果。有一个大家都能做的测试，叫做内隐态度测试（Implicit Attitude Test，IAT），测试中要将许多词语，包括好词（比如和平、笑声、快感）和坏词（比如邪恶、失败、伤害）同白人和黑人的面孔联系起来。多数人希望相信自己并非种族主义者，但很可能对测试的结果感到困扰。IAT表明，我们有着不同程度的下意识的种族歧视：我们会更快地把坏词与黑人而不是白人面孔联系起来。而且黑人自己也会表现出同样的歧视。但如果我们在接受测试之前服用了心得安，大多数的内隐歧视便会消失。[1]

用化学物质改变道德行为和判断不再仅仅存在于科幻小说家创造的世界中了。通过观察人们服用药物后如何对电车情景做出反应，可以用来判断某些药物是否以及如何影响人们的道德信念。心得安对电车情景判断的影响仍不清晰。[2]但实验主义者已经尝试改变了多种激素在人体中的含量并观察了由此产生的影响。例如，一项研究改变了人体内血清素的含量，结果发现血清素水平增加让人们更不倾向于功利主义，更不愿意推胖子下去。

但是，对于那些想要研究化学物质是如何影响我们的道德判断的科学家而言，电车问题并非唯一可用的测试。另一项测试包括了如何分配一大把的钞票。

14.2 最后通牒博弈

19 世纪的美国普尔曼大罢工是许多罢工中最典型的。它让普尔曼公司付出了高昂代价，对工会和工会会员来说也是一场灾难。大罢工让铁路行业损失了 450 万美元收入，还造成了 70 万美元的支出。罢工的 10 万雇员损失了大约 140 万美元的工资。

由博弈论产生的词语"双赢"已经成为了流行语言，但词语"三赔"还没有。但三赔确实是普尔曼大罢工造成的结果，而且是大多数罢工的结果。公司赔了，工人赔了，而且公众肯定也赔了。工会追求一个让自己的处境变得更差的目标可能会被认为是不理性的。也许吧，至少在理性的常见定义下是这样。但在有些情况下，人类并非总是理性的——正如以下这个在伦敦大学皇后广场的一间地下室里做的实验所展现的那样。

想象一下这个场景，有两个明显很渴的人，让我们管他们叫哈利和欧利吧。哈利和欧利从来没见过面。有人让他们分享一大口杯的水。第一个人，哈利，把水倒进两个玻璃杯中。他在自己的杯子里倒了四分之三口杯的水，然后把剩下的四分之一倒进了欧利的杯子。欧利看来有些不悦，但他也可以做出一个选择：要么喝下哈利给他的那些水，要么拒绝。如果他拒绝，两人就都得不到水喝了。

在过去的一个小时里，欧利在打吊瓶。他的头有点儿疼，他的嘴也很干，有水总比没水好。但他看了看哈利几乎满满一杯的水，又看了看自己杯中那可怜的一点儿，他摇了摇头，如果他允许哈利喝掉几乎所有的水，他就是个傻瓜。

事实上，哈利是个知情人。欧利不知道的是，他接受的测试是一个与电车问题相类似的谜题：最后通牒博弈。[3]

最后通牒博弈的发展轨迹与胖子情景类似。它最早出现在1982年，就在胖子情景出现之前不久。它最初始于经济学并被作为一种理想化的谈判形式以纯先验的方法被分析。这个谜题被当作那种能够在纸上用数学方法解决的（简单）问题。之后"答案"被拿到现实中检验。随着这项博弈的发展，其母学科渐渐将自身延伸到了其他的领域，包括进化生物学、人类学、社会学和神经科学。像胖子情景一样，人们引用最后通牒博弈中的发现来证明道德感是天生的。像胖子情景一样，这一博弈也被用来测试化学物质的介入如何影响人们的决定。同样像胖子情景一样，也有刻薄的批评者谴责这项博弈只是人为的实验室实验，无法以任何有用的方式移植到现实世界中来。

标准的最后通牒博弈包含两个参与者。这回让我们管他们叫托马斯和亚当。人们给了托马斯一些钱，比如100美元。他可以选择把100美元中的任何数量给亚当。亚当有权接受或拒绝被给予的这一部分。如果他拒绝，那么这两个人将什么都得不到。如果托马斯只给亚当1美元，似乎亚当应该接受。如果亚当接受了这种分配，他就有了1美元，而1美元总比没有强。而如果他拒绝，他将什么都得不到。既然亚当应该接受任何数量的分配，不论多少，似乎托马斯也应该只分配出尽可能少的数量。

这就是一个数学模型可能预测的结果：这就是一些经济学家宣称的理性经济人该有的反应。但结果却是，这并不是有血有肉的男人女人们的反应。当最早将该博弈针对美国的实验参与者进行测试时，有两件事是出乎意料的。第一，扮演托马斯角色的人给出了接近总额40％的比重，另一些人甚至给出了总额的一半。第二，扮演亚当角色的接受者，拒绝低于总额25％的任何方案。他们喜欢破坏整个交易，而不是接受他们认为少得可怜并具侮辱性的方案。

最后通牒博弈成了经济学家最喜欢的实验，被做了无数次。同胖子情景一样，实验设计者调整了变量，他们使用不同的筹码，对不同年龄、不同性别的人、对双胞胎，在不同的种族和群体中、在不同的地点，甚至对动物（黑猩猩是最具理性的群体，不论给多少他们都接受!）[4]进行了实验。实验还对参与者是相貌平平还是具有魅力进行了比较。此外，还对实验参与者是否彼此相识进行了分析。他们还针对劳累的人群进行了最后通牒博弈的实验，如同哈利和欧利的实验一样，让人们口渴难耐时做出选择。

为了让这个游戏具有真实性，赌注必须是真实的。但即使是在受到慷慨捐助的大学，资金也是有限的。因此出于这方面的考虑，这一游戏只得使用少量的钱。当然，那会使结果产生偏差，因为如果一份小气的分配让生活富足的人感到厌恶，他们会拒绝这一分配。最后通牒博弈的实验已经在超过30个国家中进行过了，在这些国家美元的购买力远超美国本土。最不可思议的结果发生在印度尼西亚。在 100 美元的游戏中，分配出 30 美元及以下的方案被例行公事般地拒绝了。当时是 1995 年，30 美元相当于当地人两周的工资。

那么到底发生了什么？为什么人们给出的钱超过他们应该给的，为什么一些方案被拒绝？为什么大家不喜欢意外之财？

有两种答案。一些人认为结果具有误导性，因为答案遮盖了我们本性中的赤裸裸的自私。另外一些人使用最后通牒博弈的结果作为论据，证明我们至少有部分利他精神，并且我们一生下来就带有与生俱来的对公平的信仰和追求公平的能力。

最后通牒博弈出现的时间并不长，但它引入了一个有着久远而光辉的历史的争论，粗略地说，就是性善论与性恶论之间的争论（或者人性是否完全由人生阅历塑造的争论）。耶稣、约翰·洛克、让-雅克·卢梭，和小说家威廉·戈尔丁均对此作出了贡献。洛克认为人出生时大脑如同一块**白板**，空白的板子。我们的信仰是由经验塑造的。但其他人——让我们将其分为霍布斯派和斯密派——认为刚生下来的孩子本身就带有道德倾向。托马斯·霍布斯（1588—1679）认为，人类是自私的动物，如果没有社区或国家警察力量，人们将互相殴打致死，他们甚至会害怕得不敢睡觉。尽管在现在讽刺漫画中，苏格兰经济学家和哲学家亚当·斯密（1723—1790）认同霍布斯对人类心理的诊断，但事实恰恰相反。没错，斯密在《国富论》中写道，当人们追逐自身利益时，市场的无形之手才能有效运转。"我们不能依靠屠夫、酿酒者和面包师的仁慈获得晚餐，而需要通过他们对自身利益的重视。"[5]然而在《道德情操论》中，他又公开写到，自私并非唯一和占主导的动机。"无论将人类想象得多么自私，在其本性中明显存在着一些原则，让他关注其他人的命运，使其将他人的幸福视作于己必需，尽管除了看到这件事的喜悦之外，他什么也得不到。"[6]

双方都可以引用最后通牒博弈的研究来支持各自的论点。在一项实验中，实验参与者完全匿名，结果是更多人给出了贪婪的方案，表明似乎激励人们的不是利他主义而是名誉。例如，有着诚实或者公道的好名声，很明显会为交易和谈判带来好处。（许多实验的主体都是学生，他们知道教授对结果感兴趣，并不让人感到意外的是他们会为了讨好而给出了慷慨的方案。）

对霍布斯观点甚至还有跨文化的支持。尽管印度尼西亚的人们和印第安纳的人们行为相仿，但也存在一些离奇的记录。在规模较小的社会中，对陌生人出手大方是不太可能的（可能因为在这样的社会中，一般不需要和陌生人交易）。而且，在世界上一两个偏远的角落，比如在美拉尼西亚的澳族人和格瑙族人中，有人提出超级慷慨的方案（超过全额的50％），但更不寻常的是，你会看到这些方案被回绝！这种令人惊讶的现象被研究人员解释为，在美拉尼西亚文化中，人们会通过送礼物寻求社会地位。拒绝礼物就是拒绝地位低下。所以这些结果与霍布斯主义者所持的认为人类根本上是自私自利这一论点相符。

但有另外一个支持斯密主义者的观点，那就是我们生来就是利他主义者，至少某种程度上是如此。并且正是我们的生物性，一种天生的利他主义或者正义感促使我们提出一些慷慨的方案，并且是一种天生的公平感强迫我们拒绝不合理的方案。当然看似有证据表明生物性扮演了某种角色。一项瑞典的调查将同卵双胞胎和异卵双胞胎进行对比，得出了一个令人震惊的基因因素：与异卵双胞胎的实验结果不同，被同卵双胞胎们提供的和接受的方案都类似。

生物因素也在其他方面也有所体现。当为口渴的实验参与者提供了一点点水时，他们通常选择拒绝而不是接受。还有一项实验的内容是限制参与者睡眠的时间。你可能以为疲劳的人会接受任何提供的方案，轻微的不适会让人更少关心方案是否公平。而事实似乎正相反。当人们缺乏睡眠时，情感占据了主导，短暂的睡眠时间很可能被当面拒绝。

研究我们如何回应电车问题的心理学家和神经科学家也使用最后通牒博弈实验。因此，就有了对心理变态和正中前额叶皮层（参与形成社会情感）受损的患者进行的最后通牒博弈实验。如前所述（见第十三章），VMPC 患者更可能选择推胖子。当他们面对最后通牒博弈时，这样的患者更可能拒绝不公正的方案。当他们沮丧或者被激怒时，VMPC 患者容易表现出生气或者暴躁。

当遇到小气（或者慷慨）的方案时，大脑中所发生的事就是神经科学家研究的关注点。当人们被给予高数额时，大脑中负责反射奖励感的区域（例如，与吃巧克力棒相联系）更加活跃，而当人们被给予低数额时，负责对厌恶做出反应的脑岛叶皮层则在发挥作用。

14.3　用奶酪付款

就像研究者用电车问题来评估血清素、睾酮和催产素等激素对行为的影响一样，最后通牒博弈也有同样作用。

一项实验表明，有着高水平血清素的人更可能接受人们认为不公平的方案。如果你需要在喝啤酒和吃三明治时与工会领导谈判，一个不错的选择就是在面包里夹上厚厚的奶酪片：奶酪富含血清素。认为老板将大部分利润据为己有的工人**将**考虑割掉自己的鼻子而不是啐老板一脸唾沫，如果这两件事都能让老板蒙羞的话。换句话说，如果这是让其他人受到惩罚的唯一方法，他们倾向于伤害自己。但血清素可以帮人们抵御诱惑。而睾酮则降低了慷慨程度，这也许就是女性比男性提出的方案更慷慨的一个原因吧，而催产素的效果则与之相反。

我们是否应该开始用空调系统向空气中排放催产素呢？预防原则劝告我们宁可犯一些小错误。一方面，如果我们使用如催产素、血清素和睾酮之类的激素，结果肯定不会同预料中的一样。这些斯达汉诺夫①式的小激素在大脑中不知疲倦地工作并且相互影响。因此一种被普遍认为积极的干预也可能会产生消极的后果。一些结果可能不仅有害而且不可逆。

不但如此，在一种情况下似乎有益的改变可能在另一种情况下是有害的。用鼻子吸一下催产素可以让人们对他人更加信任。如果我们对他人的信赖稍微增加一些，社会将运转得更好。另一方面，我们却不希望一个年轻的女子在周六晚上同刚

---

① 阿历克塞·斯达汉诺夫，前苏联被载入史册的采煤工人。1935年8月31日，斯达汉诺夫在一班工作时间内采煤102吨，超过定额13倍。此处引申为创造纪录者。——译者注

认识的男人一起离开酒吧时过分地信任他。[7]

因此，有理由谨慎对待新科学和新技术创造出的可能性。总体而言，进化已经将我们武装得不错了。我们不会总是相信别人，因为并非所有人都值得我们信任。但进化并非在每件具体事情上都正确。如果我们能更关注那些与自己相隔甚远的陌生人的困境，那世界肯定会更好。有许多著名的研究表明，如果我们听说不幸降临到某个具体的个人身上时，我们就可能更加关心此事，而如果我们听到不幸降临到成千上万人时，可能就不会那么关心了。这不理性。尽管我们需要权衡采取行动改善道德时所必须承担的风险，但改善可能在一些情况下不仅是可以接受的，而且是必不可少的。

第四部分

电车学及其批评者

第十五章　名叫"弄巧成拙"的街车

我不研究电车。

这是一位杰出教授在谈论电车学时的轻蔑言论。[1] "这是道德哲学病态的表现。"另外一名专家说。

一些道德哲学家将毕生献给了电车学的难题。更多人在讲座和授课中引用电车学，并督促他们的学生至少读一部分电车学文献。但电车学将其他哲学家的灰色事物变为了红色。他们喜欢将电车封闭在一个偏远僻静的仓库里。人们认为菲利帕·福特应该为不自觉地创造了一个维特根斯坦式的怪物负责。

这种恐惧和厌恶值得我们试着去理解。

这不应是对思想实验的普遍怀疑。电车学应该被放到更广泛的背景中进行审视。思想实验和由此衍生的比喻就如同是哲学的土豆和牛肉——不只是道德哲学的部分主食，而且是这一学科所有分支的部分主食。在《理想国》中，柏拉图写过一个关于洞穴的著名寓言：被铐在洞穴中的囚犯们看到墙壁上的影子，误以为是真实存在的人。实际上，这些影子。来自在囚犯身后操纵木偶的人手中的木偶。柏拉图是在说明我们离现实有多么遥远。在《沉思录》中，现代哲学之父勒内·笛卡尔提出了一种可能性，即甚至连一些我们觉得确定的事情，例如 2＋3＝5，都是由于一个邪恶魔鬼的哄骗才使我们相信的。约翰·洛克有一个著名的思想实验，在实验中，一个王子的灵魂——有着王子所有的思想和记忆——转移到了一个补鞋匠的身体中。洛克认为，使一个人跨越时间之后仍然是这个人的不是身体，而是意识。在 18 世纪，康德想象了一个假设的事例，一个被人追赶的无辜的人在你的房子里避难。一个杀人犯敲门并询问他的猎物是否藏在里面。康德认为，即使在这种情况下，撒谎也是错误的。维特根斯坦试图展示私人语言的荒谬性，私人语言就是一种（必定）只有一个人能使用的语言。维特根斯坦想象我们每人都有一个火柴盒，里面的东西我们都称之为"甲壳虫"，但我不能看你的盒子，你也不能看我的。维特根斯坦说，那样的话，甲壳虫这个词语指代的就不是一个具体的事物，因为我们的盒子里可能是不同的东西。[2]

在 20 世纪后半叶，罗伯特·诺齐克提出疑问关于我们能否被放入经验机器。[3]这个假想的装置如此巧妙，以至于能让我们马上忘记自己经被放入其中了，并且向我们保证会有愉快的"经历"（例如，我们获得了诺贝尔奖或者在世界杯决赛中用一粒精彩的头球取得了胜利）。这些经历都不是真的，但我们会认为是真的。德里克·帕菲特借鉴科幻小说，提出了一个关于个人身份的令人不安的问题：如果远程传送器复制了我们身体的所有分子并在另外一个星球上将之组装起来，那么我们还是自己吗？[4]约翰·瑟尔想象了一个中文房间。在这个房间里，一个人从门缝下递来一张中文写的便条。尽管他不会说中文，但他可以按照一本手册上的一系列复杂的指导，将手册上给出的答案抄录下来，并将便条通过门缝递出去。在房间外面的我们会认为他懂中文，而事实上他一个字都不认识。设计这个思想实验是为了说明电脑永远不会真正地思考和理解。[5]

随着时代的发展，思想实验渗透进了哲学文本之中。它们全部都成为了电车恐惧者的主要目标似乎难以置信。可能电车恐惧者对将思想实验运用到道德领域有着更加具体的反对。不过即使是这样，看上去也有些牵强，因为所有学派的著名哲学家——功利主义派、亚里士多德派、康德派——都在辩论或者阐释中使用了思想实验。

没错，有人对我们在电车事例（见第十章）中直觉的可靠性存在怀疑。我们的直觉能够很容易地被与道德无关的因素操纵和影响。一些电车问题如此诡异，以至于我们该如何反应仍不确定。不仅如此，甚至那些确实可以引起相同的普遍反应的情景也是不常见的或者人为创造的，因此一个事例必须要在课堂之外寻找其实用性价值。古怪的事例不一定能够成为寻常事例的可靠向导。

电车学最猛烈的批评者希望对之进行更深层次的攻击。电车学从根本上是关于研究人们该如何做的。他们是否该把电车转向？他们是否该推胖子？但一个能够追溯到亚里士多德时代的传统却强调了另一个问题。重要的不是人们做的事，而是他们拥有的性格。他们是勇敢还是懦弱？是慷慨还是吝啬？是值得信赖还是口是心非？他们有什么样的美德和缺陷？[6]

一个道德高尚的人也可能在内心算计把胖子推下去摔死的得失，这样的想法至少在伯纳德·威廉姆斯看来，是混乱的。用他的话说，实际的想法不能"超越经验"。[7]换句话说，一个慷慨的人就是一个有慷慨行事的动机，并这么做的人。如果一个人在功利主义的教唆下有不诚实的行为，那么将其描述为诚实的人就是错误的。

不经意之间创造了电车学的菲利帕·福特可能不同意这种

说法。她和她的朋友伊丽莎白·安斯克姆还有艾丽斯·默多克帮助美德伦理的传统重整旗鼓。默多克举了一个虚构的例子，这个例子也经常被人引用。一个婆婆，很明显在嫉妒和势力的驱使下，对她的儿媳评价很低。她认为儿媳妇粗鲁、幼稚、缺乏高贵和优雅的品质。然而后来，经过认真反思，她开始对这些特点有了不同的看法，儿媳妇不再是不庄重，而是心直口快。

自然，随着视角的变化，婆婆对待儿媳妇的方式也发生了变化。但对待方式同观察相比，处于次要地位，是在正确观察的前提下完成了困难的道德转变。在《尼各马可伦理学》中，亚里士多德区别了不同类型的智慧。有理论智慧，也有 phronēsis，通常翻译为"实践智慧"。据新亚里士多德主义者认为，一个有着实践智慧的人能够感觉到什么是应该做的正确的事。

15.1　极端排他主义（者）

电车学家的本能与科学家相似，至少在以下方面是这样的。电车学家想确定哪些道德差异是彼此相关的，并且试探、测试、衡量、比较和对比我们的直觉。电车学家想在污秽的世界中使用"干净的"事例核准我们的道德航向。但这与亚里士多德主义者对道德领域这一概念的定义并不相同。拥有实践智慧的人并不使用任何道德计算法，而且也不用通过抽象的研究来掌握道德。相反，借用一位哲学家的溢美之词，那就是这个人的道德水准会"随着环境不断提升"。[8]

持这一思想的极端分子就是道德排他主义者。[9]排他主义者认为，没有永远正确的道德准则或原则，不论是结果主义（例如，"总是使幸福最大化"），还是道义论（例如，"不许撒谎"），每个事例都是独一的。当然也会有相关的道德考虑：一个行为是否包含欺骗，或者它是否会带来痛苦。有时候道德排他主义者可能会引用双重效果原则。但没有固定不变的规则，至多只存在经验法则而已。不能按照电车学家的希望那样将对于伦理的思考系统化。电车学家的事业从一开始就不可避免地注定要失败。

还有其他针对电车学的强烈反对。有人质疑，是否存在比这更加琐碎和不公正的学科。有人觉得电车问题很好玩，而好玩和理智不能兼容。感觉它就像是一种脑筋急转弯，应该被印刷在报纸谜题版面的数独题旁边。哲学家彼得·辛格谨慎地对待"将哲学的地位贬低到解决象棋谜题的水平"。[10]尽管他曾经喜爱下棋，但"有更重要的事"。[11]

如果这样的批评是针对卡姆这样的哲学家，那么这将是个严酷的打击，因为卡姆的全部哲学生命都奉献给了电车式的难题。不论卡姆教授的动力来自哪里，它都肯定不是一种单纯觉得好玩的感觉。"当人们说'哦，这个讨论不错，很好玩'时，我很惊讶。我想，'好玩？'**好玩吗**？这可是件严肃的事……如果我们曾经从事美国宇航局的火箭工作并且取得了成功，我们不会说，'嗯，那挺好玩的！'……真令人赞叹——这才是正确的说法！"[12]

最后，电车学家和电车恐惧者必须尝试弥合彼此间的分歧。认为全部对伦理学的研究都是无价值的并予以抛弃的行为，意味着抛弃数十位严肃思想家的数十本著作和数百篇论文。德里克·帕菲特的著作《理与人》（*Reasons and Persons*）被誉为过去几十年中道德哲学领域的开创性著作，尽管著作本身并未谈论电车问题，它却是在哲学领域采用电车研究方法的一个例子。书中有丰富的虚构思想实验，并且经过大量的天马行空般的情景中对直觉进行测试，并由此归纳出原则。这只是本"体裁"中诸多著作中的一本。如果电车学被误导了，那么许多以电车式的论据为基础的出版物也是如此。对这一方法论的完全否定意味着许多哲学家在浪费他们的时间。（"这可不是第一次"，一位著名的前牛津大学教授低声说。）难道这不会让我们停下来思考一下吗？

第十六章 终 点

真理无可争议，恶意可以攻击它，无知可以嘲笑它，但最终，它屹立不倒。

——温斯顿·丘吉尔

在 2005 年卡特里娜飓风将新奥尔良部分地区夷为平地之后，有人引述一名国民警卫队员的话说："我可能会看见一家两口站在一个屋顶上等待救援，与此同时可能还有另外一家六口等在另一个屋顶上，我必须选择救谁。"[1]

曼谷的居民会对这一困境产生某种特殊的同情。2011 年，蜿蜒流过泰国首都曼谷的湄南河水涨得厉害，超出正常水位三米多。当年夏天的洪水已经夺走了数百人的生命。曼谷市中心有许多人居住，是游客消费的重点地区，也是许多大企业的所在地。为了拯救市中心，当局建起了一圈堤坝和沙袋，蔓延十五公里。但是，虽然这一举措使得市中心保持了一定程度的干燥，却导致在保护区域外的水位不断上涨。城市北部、西部和东部的居民十分愤怒并忍无可忍，要求在堤坝上打开一些缺口让不断上涨的死水通过。警方沿着保护区域周围部署了数百警力以保护防波堤不被破坏。

这样的现实困境对电车学家而言可能很熟悉。电车学领域目前正在蓬勃发展之中，被心理学和神经伦理学，以及虽然年轻但成长势头迅猛的实践伦理学领域的发展推动着。电车式的问题在现实中冒头，而电车思想实验则继续在哲学论文上出现。

但是，像其他多数领域一样，它将不可避免地在某个阶段达到顶峰后开始走下坡路。这种下滑应该很快就会到来，一些哲学家甚至这样补充道。当然，很难想象电车主题的新变体将被如何进行更多的阐述。现有的情景已经被延伸到了我们所能相信和想象的极限——在这个界限之外，直觉会变得模糊不清。

电车学的目的是为解释我们内心强烈的反应以及为我们揭示道德的本质这二者提供一种原则或一些原则。它如同是一本拖拖拉拉的哲学侦探小说，不同的情景提供了不同的证据来印证不同的结论。

不过，电车学的创始人福特和汤姆逊不小心将他们的电车推上了错误的轨道，这种可能性依然存在。

在阿加莎·克里斯蒂的悬疑小说《尼罗河上的惨案》中，读者们被诱导着相信凶手不可能是明显的嫌疑人（因为她很明显有着强有力的不在场证明）。后来，留着卷胡子的小个子比利时侦探赫尔克里·波罗，意识到他被蒙蔽了：明显的嫌疑人（在共犯的协助下）正是罪犯。

福特和汤姆逊双双拒绝了使用双重效果原则。这一原则，最初在将近一千年前由托马斯·阿奎那所发现，至今仍有着强烈的直觉共鸣。其核心是区分故意和预见。在岔道情景中，我们预见到但并不故意让人死亡，但在胖子情景中我们却是故意的。这一区别在功利主义者面前毫无意义，因为无论在岔道情景还是胖子情景中，救五个人的条件是一样的：一个人会因此而死去。但大多数非功利主义者认为很明显意图的本质与行为的判断息息相关。

如果故意和预见的区别是我们道德难题的答案——在我看来的确是这样的——那么汤姆逊的环形轨道困境却强烈地改变了大家的看法。她问到，多出几米的轨道怎么会产生任何道德差别呢？她认为这之间并没有差别。这一情况迫使哲学家们去寻找一个替代原则。但多出的几米轨道的确可能产生道德差别，毕竟，在环形轨道情景中，看似我们好像是故意要杀死轨道上的人。正如我们在实验中看到的，如果环形轨道情景出现在岔道情景之前而不是之后的话，实验参与者更可能不会将电车转向。汤姆逊的直觉不再能得到一致的支持。

双重效果原则为岔道情景和胖子情景的道德差异提供了一种解释。这个解释有许多优点：它简单易行，看起来并不武断，而且在许多事例中有着直觉上的吸引力。这就是至少我不会去推胖子的原因了。

结束语

本书所列叙的任务都怎么样了？他们的命运如何？

格罗夫·克利夫兰所面对的那个电车问题中的主角——乔治·普尔曼——在 1894 年大罢工之后仅仅活了三年。为调查罢工原因而成立的全国委员会得出的结论认为，普尔曼的公司所投资创建的那个城镇是违反美国精神的。这就是对普尔曼的仇恨的体现，甚至连他自己也认识到了这一点——他做了一些安排以保证在死后不会被铿骨扬灰。他被放在一个衬铅的棺材中，埋在一个用钢筋水泥建的墓穴里。之后普尔曼公司迅速走上了下坡路。克利夫兰总统的威望也没有完全从罢工事件中恢复过来，在1896年的民主党全国代表大会中他没有重新获得提名。

克利夫兰的女儿艾斯特，在一次去往伦敦的旅行中遇到了她未来的丈夫。他们的女儿皮普在发表电车学的文章后不久就放弃了她在牛津大学的职务。她接受了许多去往美国大学担任访问教授的机会，最终她成为了加州大学洛杉矶分校的全职哲学教授。但她仍然在牛津度过了许多时间，并最终在那里退休。她逝世于2010年，那天正好是她九十岁的生日。所有报纸上关于她的讣告都提到了电车学问题。

尽管受到了来自福特的朋友伊丽莎白·安斯克姆的愤怒谴责，哈利·杜鲁门仍然被授予了荣誉博士学位。他相当不屑地将之称为他的"软帽子"学位，因为获得荣誉学位的人被要求佩戴黑天鹅绒的帽子。在典礼之前，他召开了新闻发布会，宣称对安斯克姆所制造的愤怒毫不知情。"英国人很有礼貌，他们没让我知道此事。"[2]并且他也重申自己并不后悔投放了原子弹。"如果要我再来一次，我还是会这么做。"[3]他于1965年6月20日中午，伴随着《天佑女王》的歌声进入谢尔登剧院，穿着鲜艳的红袍子，坐在一把18世纪的桃花芯木的会堂椅上。这把椅子装饰着复杂的盾形徽章，专门在这类场合使用。剧院里掌声四起，而当杜鲁门站起来鞠躬时，掌声变得更加热烈。

安斯克姆没有参加典礼，没人会对此感到惊讶。有家报纸引用她的话说，那天她将像往常一样工作。但她在演说中提出反对的杜鲁门的论点很有影响力，不仅在于改变了天主教廷对战争的态度（罗马天主教廷对第二次世界大战中针对德国城市的空袭基本保持缄默），而且更广泛的意义在于使军队以及其他人都接受了"正义战争"理论。

她的学术生涯同样取得了成功。1970 年，她成为了剑桥大学的哲学教授。这曾经是她的导师路德维希·维特根斯坦的职位。她始终是一名虔诚的罗马天主教徒，还因为在一家堕胎诊所外抗议而两次被捕。她在 1986 年退休，于 2001 年去世，并被埋葬在了维特根斯坦的坟墓旁边。最终，她和皮普·福特分道扬镳了。安斯克姆承认，她不能说服福特相信上帝的存在，她对此始终感到遗憾。

艾丽斯·默多克死于 1999 年，生命的最后几年她罹患老年痴呆症，这一时期的情况被其丈夫约翰·贝利记录在了一本书中，后来这本书还被改编成了一部成功的电影——《艾丽斯》。据说，当默多克生病后，只有同少数几个人单独相处时她不会感到焦虑，而菲利帕·福特就是其中之一。[4]人们更多地记住的是默多克的小说而不是她的哲学。她说自己曾经爱过福特："我从没想到自己会如此深爱一个女人。"[5]并且福特在默多克的小说中常以不同的样貌出现。当默多克去世时，福特承认她总觉得默多克有些地方深不可测。"我们在战争期间一起生活了两年，并且她和我直到最后都是最好的朋友。但我从来不觉得我真正了解她……"[6]

里贾纳诉杜德利和史蒂芬斯的人吃人案例，在维多利亚时代后期引起了巨大的反响，但此事在英国很快就被大众淡忘了。杜德利和史蒂芬斯，也就是囚犯5 331和囚犯5 332，在监狱度过了已经被缩短的刑期。获释之后，杜德利移民到了澳大利亚。在感染了黑死病之后，他死于1900年，年仅46岁。史蒂芬斯重新开始航海生活，人们认为他变得抑郁了，并且他还开始酗酒。他死于贫困。布鲁克斯参加过几次"娱乐秀"，那是一种19世纪的名人马戏团。

在那对联体婴儿进行了手术之后，玛丽死亡而乔迪活了下来，莉娜·阿塔德和她的丈夫搬到远离马耳他的戈玛岛，现在仍然同乔迪安静地生活在那里。据报道，他们对当时法律判决他们败诉感到很欣慰。

至于德国的那起类似嘀嗒作响的炸弹情景的事件，马格纳斯·盖福根被判有罪，他因谋杀和绑架勒索被判处终身监禁。这一案例最终被上诉到了欧洲人权法庭，法庭判决德国违反了禁用刑讯和不人道虐待的法律。盖福根起诉了黑森州，要求对他所经历的创伤和刑讯威胁进行补偿。2011年，一个德国法庭给了他3 000欧元损失费。刑讯威胁背后的警官，沃尔夫冈·达什内尔，已经被罚款并调任其他岗位。同时，盖福根已经拿到了他的法律学位，但他希望成立"盖福根基金会"以帮助那些因犯罪而受害的儿童的计划未能如愿。当局称不会允许其注册。

过去半个世纪以来，电车学提供了一种挑战基本伦理问题的工具，它所挑战的就是关于我们如何对待他人和进行生活的关键问题。当菲利帕·福特提出电车问题时，初衷是要介入有关堕胎问题的讨论。而现在，电车式的挑战更可能产生于对战争中各种行为合法性的思考中。丘吉尔的困境——关于是否将导弹引向人烟较少的区域——继续以许多其他的形式再现。胖子情景的困境展现了义务伦理学和实用主义伦理学之间的激烈冲突。多数人没有功利主义本能（正如功利主义者自己所承认的）。他们认为温斯顿·丘吉尔使用居民作为牺牲品的做法是错的，即使他的目标是拯救其他人的生命。如果他强迫或者引诱人们进入纳粹威胁的范围，那么他也是错的，哪怕是为了救人。但另一方面，他支持误导计划以将"小飞虫"转到伦敦南部却无疑是对的。

　　为何有这种区别？哲学家们尚未达成一致。但不论答案如何，站在天桥上的胖子这个奇怪情景肯定是问题的关键。我是不会杀死胖子的。你呢？

注 释

第一章 丘吉尔的困境

[1] Lehmann 1968，199.

[2] Waugh 1999，615.

[3] 一个名叫 Eddie Chapman 的前罪犯。

[4] 生于西班牙的 Juan Pujol Garcia，成功地让纳粹相信他经营着一个情报人员网络，然而所有情报人员都是杜撰的。

[5] Jones 1978，423.

[6] 事实上，尽管再也没有 V1 飞弹到达英国，纳粹即将发射一种新的长距离武器，V2 飞弹。

第二章 岔 道

[1] Foot 2002.

[2] 没有证据表明当 Philippa Foot 提出电车困境时，她知道在第二次世界大战中英国政府面临类似的困境。

[3] 这一词语是由 Kwame Anthony Appiah 创造的，是对其引以为傲的事物进行的命名。

[4] TED 访谈：采访者为 Chris Anderson；see http://www.ted.com/talks/gordon_brown_on_global_ethic_vs_national_interest.html. TED 代表技术（technology）娱乐（entertainment）

和设计（design），是一个致力于推广有价值的观念的组织。

［5］许多哲学家认为，有许多义务论的限制不允许人们去故意杀人，但对非故意行为造成的死亡却没有限制。感谢 Jeff McMahan 指出这一点。当然，在决定要资助哪种药物时，药物对人们生活质量以及寿命长短的影响也在考虑之列。

［6］见 Appiah 2008，91。

第三章　开山之母

［1］Ayer 回到牛津传播逻辑实证主义的思想。随后——这似乎是个糟糕的讽刺——维也纳学派的所在地落入纳粹的暴政的势力范围，其成员散落到芝加哥、普林斯顿、牛津和其他地方。

［2］Magee 1978，131.

［3］也叫"情绪主义"。情绪主义与主观主义不完全等同，而主观主义是另一个被福特拒绝接受的思想。主观主义认为，当我说"谋杀是错的"，我**宣布**了我不同意这一行为，而情绪主义认为在那个句子里，我只是表达了字面意思而已。那只是一种表达，而不是一种声明。

［4］20 世纪 80 年代当我在牛津进行本科和研究生阶段的学习时，日常语言哲学的影响仍然强烈。我还记得曾经同我的导师就茶杯和茶缸的区别进行了一次异常激烈的讨论。

［5］作者采访 Lesley Brown。

［6］引自 2010 年 10 月在 *The Eiancial Times* 、*The Daily Tele-*

graph 和 *The Independent* 上刊登的关于 Philippa Foot 的讣告。

〔7〕Midgely 2005，52.

〔8〕Conradi 2001，185.

〔9〕Daphne Stroud 写给作者的信。

〔10〕Teichmann 2008，3.

〔11〕作者采访 Lesley Brown。

〔12〕M. R. D. Foot 2008，83.

〔13〕Murdoch 2010，254-255.

〔14〕M. R. D. Foot 2008，78.

〔15〕Murdoch 2010，254.

〔16〕Conradi 2001，223.

〔17〕M. R. D. Foot 2008，130.

〔18〕尽管 Crisp（2012）认为道德伦理是义务论的一个分支。

〔19〕根据 Michael Dummett 在 2011 年 3 月 19 日发表的纪念 Philippa Foot 的讲话。

〔20〕采访作者。

〔21〕Foot 2001，1.

〔22〕Wittgenstein 1953，103.

〔23〕根据 Michael Dummett 发表的纪念 Philippa Foot 的讲话。

〔24〕Anscombe 1956，5.

〔25〕A. F. L. Beeston，引自 Glover 2001，106。Beeston 认为整个

房子的人都与杜鲁门被授予荣誉学位无关。相反，人们集会是因为被一项不再在神学学位中使用希腊文新约的规定激怒了。他说："演讲只是让在场的人完全沉默和平静……没有赞成或反对，没人议论，没人出声，没人使眼色，只有纯粹的寂静。"但是说"纯粹的寂静"似乎站不住脚，和媒体报道有所出入。

[26] *Oxford Mail*，May 1，1956.

[27] Anscombe 告诉 Tony Kenny 有三个人支持她。

[28] 采访作者。

[29] Voorhoeve 2009，93.

第四章 兰道夫伯爵的第七个儿子

[1] 哲学家和拨火棍有什么关系？更多的关于拨火棍的内容，见 Edmonds and Eidinow 2001。

[2] 一些学者认为，在使徒保罗的《罗马书》3：8 中反映了圣经原则中类似 DDE 的理论。一个人不应"作恶以成善"。

[3] 采访作者。

[4] Voorhoeve 2009，87.

[5] Foot，*Virtues and Vices*，2002，20. 尽管大多数电车学的创始者都是女性，她们在论文中使用的语言却反映了那个时代存在的性别歧视。

[6] 见 Wiggins 2006，250‐251。

[7] 采访作者。

［8］Scanlon 2008，18.

［9］Foot，*Virtues and Vices*，2002，21.

［10］改编自 Foot，*Virtues and Vices*，2002，24 - 25。

［11］更多见第十一章。

第五章　胖子、环轨和转盘

［1］均重现于 Thomson 1986。最初出现在 "Killing, Letting Die and the Trolley Problem"（*The Monist*，1976）and "The Trolley Droblem"（*Yale Law Journal* 94，1985）。

［2］Jeff McMahan 向我指出，如果胖子自己跳下桥，那么他就是在利用自己——用康德式的语言讲——作为达到目的的工具。康德视角的一个问题是它似乎谴责自我牺牲；但没有哲学家——包括康德派或者其他派别——想说为了他人牺牲自己是不可接受的行为。

［3］见 Thomson 1986。

［4］Thomson 1986，108.

［5］Thomson 1986，108.

［6］Framces Kamm.

［7］Kamm 2007，24.

［8］Gottfried Leibniz（1646—1716）是德国数学家和哲学家。法国启蒙运动作家 Voltaire 在中篇小说 *Candide* 中通过刻画人物 Pangloss 而含蓄地讽刺了 Leibniz。

［9］Thomson 1986，102.

［10］值得注意，Thomson 几次提到了电车问题，并且给出了四个各具特色的答案。她最终认为在环轨情景中将电车转向是错误的，而且，在岔道情景中将电车转向也是错误的。

第六章 嘀嗒的时钟和柯尼斯堡的哲人

［1］引自 *International Herald Tribune*，April 11，2003。

［2］引自 *Washington Post*，March 8，2003。

［3］引自 *New York Times*，April 11，2003。

［4］引自 Dentsche Welle 网页，February 24，2003。

［5］这是对康德著作的无知解读或者至少是对其误读。定言令式有一个黄金法则表述：按照你认为所有人都会如此行事的方式行事。Eichmann 认为定言令式仅仅是让一个人的行为与普遍法则碰巧相同而已，忽略法则的道德内容。

［6］Honderich 的 "Morality，Action and Outcome" 1985，36。

［7］Dershowitz 2002，141.

［8］应该指出，至少一位著名的反功利主义者，Bernard Williams，把对绝对论的辩护描述为 "避重就轻"。See "Utilitarianism and Moral Selfindulgence" in Williams，1981，43。

［9］这是 Jeff McMahan 的立场，我感谢 McMahan 教授对这章极有用的评论。

［10］Philosophy Bites 采访 Rai Gaita：www. philosophybites. com。

［11］Dostoyevsky 1991，245 - 246.

〔12〕"Killing and Letting Dle" in Foot，*Moral Dilemmas*，2002，79.

〔13〕该例证出自 James Rachels，"Active and Passive Euthanasia"，115，重印于 Steinbock and Norcross 1994。

〔14〕Shelly Kagan 在 *The Additive Fallacy*（1988）中得出了同样结论。

〔15〕BBC 全球服务纪录片 *Would You Kill The Big Guy*（May 2010）。

〔16〕Kamm 2007，95.

〔17〕尽管 Kamm 聪明地提出了这一差异，但是她自己却认为在所有事例中，一个行为的目的与这一行为是否被允许无关。她认为相关的事实与思想状态无关，而与因果关系有关。对她而言，关键问题是杀死一个人是否是救五个人的必要因果手段。

第七章 铺就通往地狱之路

〔1〕Cleveland 1904，109.

〔2〕Papke 1999，30.

〔3〕Cleveland：Proclamation 366：July 8，1894.

〔4〕Anscombe 1957.

〔5〕Anscombe 2003，32.

〔6〕引自报告 xlvi 页，参见 http：//archive. org/stream/reporton chicago00wriggoog♯page/n6/mode/2up。

〔7〕Foot，*Virtues and Vices* 2002，21. 又见 Bennett 1995，210 - 211. Bennett 想象战争期间的一架轰炸机驾驶员想要降低敌方平民的士气，因此在一次袭击中瞄准并杀死了一些平民。然而，他宣称自己并不打算杀死这些平民，而只是想让他们装死一两年，直到战争结束！

〔8〕Nagel 1986，181.

〔9〕Nagel 1986，182. Nagel 认为，如果你"被邪恶引导"的话，你将随着环境的变化调整你的反应。但即使你随着电车情景的变化调整你的反应，那在更深层次上并不意味着你"被邪恶引导"。因此，如果这五个人能自己逃脱，你就不会希望杀死胖子了。尽管如此，Nagel 认为我们应该思考在其他情况下我们该如何做，这一观点也加深了我们对故意性的理解。

〔10〕Kamm 2007，97 - 99.

〔11〕Kamm 2007，97. 奇怪的是，Kamm 想要在再推一下情景和两个环轨情景中找到区别。她觉得再推一下操纵杆以改变电车方向是错误的，但在两个环轨情景中将电车改道是完全合理的。在我而言，它们在道德上是同等的，不论是再推一下情景还是将电车引导上第二个环轨都是打算撞死一个无辜的人。

第八章　用数量决定道德

〔1〕Mill 1980，44.

〔2〕Russell 1977，85.

〔3〕Brougham 1838，287.

［4］ King 1976，2.

［5］ Bentham 1970，第 283 页脚注。

［6］ William Empson，*Cobbett's Political Register*，December 12，1818.

［7］ Dinwiddy 1984，23.

［8］ Bassett and Spenser 1929，146.

［9］ Bowring，*The Works*，vol. 10，57，63；又见 vol. 2，493 - 494。

［10］ Bowring，*The Works*，vol. 2，497.

［11］ Bowring，*The Works*，vol. 2，501.

［12］ 由 Conway 引用 1989，87。

［13］ *The Principles of International Law*：*Essay* 4（A Plan for an Universal and Perpetual Peace）.

［14］ 尽管需要指出 Mill 的这篇 *Autobiography* 的内容可能有借机宣传一下家庭传说之嫌。

［15］ Mill 1980，44.

［16］ Mill 1992，37.

［17］ Bentham 1830，206.

［18］ Mill，2002，第 Ⅱ 章，第 6 段。

［19］ Mill 1992，60.

［20］ Mill 有时候被描述为一个"规则功利主义者"，尽管这是一

个有争议的标签。一个规则功利主义者认为，如果一行为符合带来最大利益的规则，这个行为就是好的。规则功利主义者认为，即使在特定情况下，为了使幸福最大化，人们也需要打破规则。尽管如此，人们还是应该遵守规则。

［21］Sidgwick 1962，490.

［22］Williams 1985，108. 用这一短语，Williams 让人们注意到他所说的"功利主义和殖民主义的重要联系"。

［23］Sidgwick 1962，490.

［24］Ibid.，489.

［25］见 Hare 1981。他将思维分为两层次：直觉式和批判式。

［26］应该说有几个唯结果论者——Brad Hooker 是最著名的——他们认为我们应该找到使幸福或福利最大化的规则并坚持这些规则，即使在一些情况下我们需要通过打破这些规则来使幸福或福利最大化。

［27］这两个情景都在 Smart and Williams 1973，97 - 100。

［28］Henry Sidgwick 使用的词语：Sidgwick 1962，382。

第九章 摆脱扶手椅

［1］Barry Smith，BBC *Analysis* 栏目采访，June 28，2009.

［2］注意 David Hume 的开创性著作 *A Treatise of Human Nature* 的副标题——*Being or Attermpt to Introduce The Experimertal Methods of Ressoning into Moral Subjects*。

［3］Joshua Knobe，*Philosphy Bites* 采访（www. philosophybites.

com）。

　　［4］Thomson 1986，107.

　　［5］同作者的电子邮件往来。

　　［6］见 Weinberg et al.，2001. 这一结果其他人无法复制。

　　［7］见 Knobe and Nichols 2008，第 6 章，"Moral Responsibility and Determinism"。

　　［8］Hugh Mellor，引自 "Philosophy's Great Experiment,"*Prospect Magzine*，*March*，2009。

第十章　就是感觉不对劲

　　［1］一些功利主义者认为，我们不应该重视我们的直觉。但是大部分道德哲学家非常重视直觉。在一篇名为 "The Visdom of Repugnance" 的文章中，总统的生物伦理顾问委员会前主席 Leon Kass 表示他对克隆人类的前景感到"反感"。他说："我们可以感觉到——直接而不需论证地——这类研究违反了我们所珍视的东西。"

　　［2］Kamm 2007，137.

　　［3］尽管一些研究对将哲学家著作"专家化"这一行为提出了质疑。见 Cushman et al. 2012。

　　［4］给作者的电子邮件。

　　［5］Unger 1996，第 4 章。

　　［6］Liao et al. 2011，661 – 671. 在一封邮件中，Jeff McMahan 告诉我说他在让学生们对情景的影响排序时得到了类似的结论。

第十一章　杜德利的选择和道德直觉

［1］"通常"，因为有道德相对主义者否认道德具有普遍性。

［2］这一短语的规则是，观点形容词（恐怖的）在维度形容词（大）之前，维度形容词在颜色形容词（黑色）之前。但"大的、恐怖的黑色电车"对人们而言也能接受。

［3］Mikhail 2011，101. 在儿童道德发展方面已经有了一些经典著作：如 Piaget 1977。

［4］Hanser 2006，34. 他在研究中存在舞弊的报道出来之后，Hanser 名誉扫地。但没有证据表明在这一研究领域要他发表的成果中有任何虚假内容。

［5］这些以及更多的对电车事例的修改，参见 Mikhail 2011，106 - 109。

［6］Powers 1987，23.

［7］Simpson 1994，61.

［8］Ibid.，62.

［9］Ibid.，69.

［10］Hanson 2000，272.

［11］见 Simpson 1988。

［12］皇家法院，2000 年 9 月 22 日，案例编号 B1/2000/2969。

［13］Hauser 2006，126.

［14］我在"自主"和"媒介"一类的词上加了引号，因为哲学

家们就机器是否能自主思考和是否能成为道德媒介这一问题存在分歧。

第十二章 不理性的动物

［1］在对纳粹战犯 Adolf Eichmann 在耶路撒冷进行的审判结束后，马上进行了实验，初衷是为了测试人们在权威人物的影响下的行为会变得多么坏。实验参与者被告知在墙的另一面的人要学习单词。实验参与者被要求，如果学习者在学习过程中犯错就要对其进行电击。事实上，学习者是演员。实验参考者能够听见（假装的）尖叫以及学习者在（明显的）绝望中撞墙壁。

［2］普林斯顿神学院是一个教育机构，强调慈善的美德，并且自身拥有巨额财富。截至 2011 年，它接受了来自学生的将近人均 170 万美元的捐助。

［3］Darley and Batson 1973，100 - 108.

［4］Danziger et al. 2011.

［5］Philosophy Bites 采访，"伦理学中的实验"：www. philosophybites. com。

［6］选择非功利主义方法——让五个人死亡——也与情感唤起相联系。见 Navarrete et al. 2012。

［7］见 Valdesolo et al. 2006。

［8］Uhlmann et al. 2009.

［9］在 Thomson 1990，292 中，她写道，"杀死一只鸡而救五只鸡"是可以的。McMahan 2002，第 3 章，也检验了义务论的约束是否

适用于动物。

[10] Hume 1975，415.

[11] Haidt 2001.

[12] 一些哲学家不接受 Haidt 对这些事例的分析。如果人们说不出他们认为乱伦是错误的原因，这并不意味着他们"无语"。"乱伦是错误的"可能就是一个基本原则——一个自证的原则，也就是不需要其他证据去证明的原则。

[13] 见 Wheatley and Haidt 2005。

第十三章　和神经元的较量

[1] Damasio 对 Phineas Gage 的故事有着精彩的描述。关于 Gage 的事实存在争议：一些人说只是在他生命的后一阶段，他的行为才发生较大变化。

[2] BBC *Analysis* 栏目采访，2009 年 6 月 28 日播出。

[3] BBC 对 J. Greene 的采访，*Would You Kill the Big Guy?*

[4] Suter 2011，454 - 458.

[5] BBC 对 J. Greene 的采访，*Would You Kill the Big Guy?*

[6] 新美国基金会数据。

[7] Singer 2009，59.

[8] 参见如 Small and Loewenstein 2003。

[9] 见第八章。

[10] 这一领域有许多项研究。例如，Shepher 1971。

［11］一个关键的争辩是：在回应理性的行为和不回应理性的行为之间划分区别是否有用。例如，一个瘾君子不会对理性的考虑作出回应。因此瘾君子，在一种兼容论中，没有自由意志。但如果一个人能对理性理由作出回应，这样一来，他就能够自由行事了。如果我喜欢芽甘蓝，如果它们在餐馆菜单上，我就能够选择它们。但如果我在一本医学杂志上读到芽甘蓝有致癌性，那么我就会避开它们。这就表明我吃或者不吃芽甘蓝的决定是"理性回应的"，因此——根据这种兼容论的观点——我拥有自由意志。

［12］例如，在 BBC 的节目 *The Mysteries of the Brain* 中，他给出了这种解释。

［13］Kahneman 的 *Fast and Slow*（2012）。

［14］这点充分体现在 *Philosophy Bites* 对 Neil Levy 的采访中，见 www. philosophybites. com。

［15］Singer 2005.

［16］见 Amit 2012。

［17］Suter and Hertwig 2011.

［18］例如 Koenigs et al. , 2007。

［19］可能他们没有更强的功利主义倾向，而是有着更弱的义务论倾向。因此，Joshua Greene 认为将变态描述为更加倾向功利主义并不合适，相反，他们只是对引起伤害有着较弱的情感反应。"他们其实是不义务论者。"尽管如此，功利主义想法就是指那些会引起争议

的事——例如推胖子是应该做的事。

[20] 见 Lucas and Sheeran 2006。

[21] 尽管在第十二章中提到的一些心理学家尽力用三维实验模拟现实。

[22] 对新神经科学最具持续性的攻击,见 Tallis 2011。

[23] 应当指出,一些哲学家认为大脑和思维的确是一回事。

[24] Eagleman 2011.

第十四章　仿生学电车

[1] 见 Terbeck 2012。

[2] 2012 年的论文(见 Terbeck 回顾)表明,在反直觉方面,心得安使得人们更可能认为杀死胖子是不可接受的。既然心得安阻滞了情感和恐惧,人们就能够期望出现相反的效果。

[3] 关于口渴和最后通牒博弈的研究结果,见 Wright et al.,2012。

[4] 尽管如此,灵长类的行为提供了一个复杂的图景。他们没有对卷尾猴进行最后通牒博弈实验,但如果一只猴子完成任务后得到了一块黄瓜,却看到另一只猴子在完成相同的任务后得到了一串更加可口的葡萄,它将变得非常愤怒,也许它会拒绝黄瓜,带着厌恶把它扔掉。

[5] Smith 1976,第 1 卷,第 2 章,26 - 27。

[6] Smith 2002,第 1 部分,第 1 卷,第 I 章,11。

[7] 为了证明像催产素这样看来无害的分子有多么复杂，见 De Dreu et al. 2011。这篇论文表明催产素会导致人们对本群体之外人员的歧视，也就是对一个不属于本群体（例如种族）的群体的歧视。

第十五章 名叫"弄巧成拙"的街车

[1] 抱歉，他（或她）将保持匿名。

[2] Wittgenstein 1953，293.

[3] Nozick 1974，42 - 45.

[4] 见 Parfit 1984，第 3 部分。

[5] Searle 1980，417.

[6] 当然，性格与行为并非完全不同。在 Aristotle 看来，性格是行为的一种倾向。一个勇敢的人如何行事？一个聪明的人又如何行事？性格也包含感觉。一个勇敢的人会带着某种感觉行事。

[7] Williams (1981)，"Utilitarianism and moral self-indulgercy"，51.

[8] 见 Wiggins，"Deliberation and Pratical Reason"引自 Rorty 1980，233。

[9] 由 Dancy 得出并解释了自己的立场。见 Dancy 1993。排他主义的立场在重要方面都存在问题。例如，如果我们接受排他主义，那么在具体情况下我们没有清楚明了的判断依据以断定什么才是在道德上最为合理的做法。

[10] 见 Edmonds and Warburton 2010，26 对 Singer 的采访。

[11] Ibid..

［12］Voorhooeve 2009，35.

第十六章　终　点

［1］引自 Hauser 2006，35。

［2］引自 *Oxford Mail*，June 18，1956.

［3］Ibid..

［4］Iris Murdoch 研究中心的 Anne Rowe 的观点，引自 *The Guardian*，August 31，2012.

［5］Conradi 2001，220.

［6］Warnock 2000，52，引用 Foot 在 *Oxford Today* 上为 Murdoch 所写的讣告，三合一版 1999。

参考文献

关于参考文献需要说两句。有许多文章和书籍都与我的话题直接或间接相关。在此我仅列出我所参考或引用过的文章和书籍，以及在本书写作过程中较为重要的文献。

Amit, Elinor, and J. Greene. "You See, the Ends Don't Justify the Means." *Psychological Science*; published online June 28, 2012.

Anscombe, G.E.M. *Mr Truman's Degree* (Oxford: Oxonian Press, 1956).

Anscombe, G.E.M. *Intention* (Oxford: Blackwell, 1957).

Anscombe, G.E.M. *An Introduction to Wittgenstein's Tractatus* (London: Hutchinson, 1971).

Anscombe, G.E.M. *Contraception and Chastity* (London: Catholic Truth Society, 2003 [1975]).

Anscombe, G.E.M. *Human Life, Action and Ethics*, ed. M. Geach and L. Gormally (Exeter: Imprint Academic, 2005).

Appiah, Anthony. *Experiments in Ethics* (Cambridge, MA: Harvard University Press, 2008).

Bassett, J., and J. Spenser, eds. *Correspondence of Andrew Jackson* Vol. 4 (Washington, DC, 1929).

Bennett, Jonathan. *The Act Itself* (Oxford: Clarendon Press, 1995).

Bentham, Jeremy. *The Rationale of Reward* (London: Robert Heward, 1830).

Bentham, Jeremy. *An Introduction to the Principles of Morals and Legislation* (Oxford: Clarendon Press, 1970 [1789]).

Bowring, John, ed. *The Works of Jeremy Bentham*, 11 vols. (Edinburgh: William Tait, 1838–1843).

Brecher, Bob. *Torture and the Ticking Bomb* (Oxford: Blackwell, 2007).

Brougham, Henry. *Speeches of Henry, Lord Brougham*, Volume 2 (Edinburgh: Adam and Charles Black, 1838).

Capaldi, Nichola. *John Stuart Mill* (Cambridge: Cambridge University Press, 2004).

Carwardine, William. *The Pullman Strike* (Chicago: Charles H. Kerr, 1971 [1894]).

Cleveland, Grover. *Presidential Problems* (London: G. P. Putnam's Sons, 1904).

Conradi, Peter. *Murdoch: A Life* (London: HarperCollins, 2001).

Conway, Stephen. "Bentham on Peace and War." *Utilitas* 1, no. 1 (1989): 82–201.

Crisp, Roger. *Mill on Utilitarianism* (London: Routledge, 1997).

Crisp, Roger A. "Third Method of Ethics?" *Philosophy and Phenomenological Research* (2012).

Crowdy, Terry. *Deceiving Hitler* (Oxford: Osprey, 2008).

Cushman, F., and E. Schwitzgebel. "Expertise in Moral Reasoning?" *Mind & Language* 27 (2012): 135–53.

Cushman, F., I. Young, and M. Hauser. "The Role of Reasoning and Intuition in Moral Judgments." *Psychological Science* 17 (12): 1082–89.

Damasio, Antonio. *Descartes' Error* (London: Picador, 1995).

Dancy, Jonathan. *Moral Reasons* (Oxford: Blackwell, 1993).

Dancy, Jonathan. *Ethics Without Principles* (Oxford: Clarendon Press, 2004).

Danziger, S., J. Levav, and K. Avnaim-Pesso. "Extraneous Factors in Judicial Decisions." Proceedings of the National Academy of Sciences, April 2011.

Darley, J. M., and C. D. Batson. " 'From Jerusalem to Jericho': A Study of situational and dispositional variables in helping behavior." *Journal of Personality and Social Psychology* 27 (1973): 100–108.

De Dreu, Carsten, et al. "Oxytocin Promotes Human Ethnocentrism." *Proceedings of the National Academy of Sciences* 108, no. 4 (January 25, 2011): 1262–66.

Dershowitz, A. *Why Terrorism Works* (New Haven, CT: Yale University Press, 2002).

Dinwiddy, J. R. "Bentham and the Early Nineteenth Century." *The Bentham Newsletter* viii (1984).

Dooley, Gillian, ed. *From a Tiny Corner in the House of Fiction* (Columbia: South Carolina Press, 2003).

Dostoyevsky, F. *The Brothers Karamazov*. Translated by R. Pevear and L. Volokhonsky (New York: Vintage Classics, 1991).

Eagleman, D. "The Brain on Trial." *Atlantic Magazine*, Atlantic Monthly Group, July/August 2011. Available online at http://www.theatlantic.com/magazine/archive/2011/07/the-brain-on-trial/308520/

Edmonds, D., and J. Eidinow. *Wittgenstein's Poker* (London: Faber, 2001).

Edmonds, D., and N. Warburton, eds. *Philosophy Bites* (Oxford: Oxford University Press, 2010).

Feser, Edward. *Aquinas* (Oxford: One World, 2009).

Foot, M.R.D. *Memories of an SOE Historian* (Barnsley: Pen & Sword Military, 2008).

Foot, Philippa. "The Problem of Abortion." *Oxford Review* 5 (1967).

Foot, Philippa. *Natural Goodness* (Oxford: Clarendon, 2001).

Foot, Philippa. *Moral Dilemmas* (Oxford: Clarendon, 2002).

Foot, Philippa. *Virtues and Vices* (Oxford: Clarendon, 2002).

Fuller, Catherine, ed. *The Old Radical: Representations of Jeremy Bentham* (London: University College, 1998).

Glover, Jonathan. *Humanity: A Moral History of the Twentieth Century* (London: Pimlico, 2001).

Greene, J., S. Morelli, K. Lowenberg, L. Nystrom, and J. Cohen. "Cognitive Load Selectively Interferes with Utilitarian Moral Judgment." *Cognition* 107 (2008): 1144–54.

Greene, J., L. Nystrom, A. Engell, J. Darley, and J. Cohen. "The Neural Bases of Cognitive Conflict and Control in Moral Judgment." *Neuron* 44 (2004): 389–400.

Greene, J., B. Sommerville, L. Nystrom, J. Darley, and J. Cohen. "An fMRI Investigation of Emotional Engagement in Moral Judgment. *Science* 293 (2001): 2105–8.

Haidt, J. "The Emotional Dog and Its Rational Tail." *Psychological Review* 108, no. 4 (October 2001): 814–34.

Hanson, Neil. *The Custom of the Sea* (London: Corgi, 2000).

Hare, Richard. *The Language of Morals* (Oxford: Oxford University Press. 1975 [1952]).

Hare, Richard. *Moral Thinking* (Oxford: Clarendon Press, 1981).

Harrison, Ross. *Bentham* (London: Routledge & Kegan Paul, 1983).

Hauser, M. *Moral Minds* (New York: Harper Collins, 2006).

Hauser, M., F. Cushman, L. Young, R. Kang-Xing Jin, and J. Mikhail. "A Dissociation Between Moral Judgments and Justifications." *Mind & Language* 22 (2007): 1–21.

Honderich, T., ed. *Morality and Objectivity* (London: Routledge & Kegan Paul, 1985).

Hooker, Brad. *Ideal Code, Real World* (Oxford: Clarendon Press, 2002).

Hume, David. *A Treatise of Human Nature* (L. Selby Bigge edition) (London: Oxford University Press, 1975).

Hursthouse, R., G. Lawrence, and W. Quinn. *Virtues and Reasons* (Oxford: Clarendon Press, 1995).

Huxley, Aldous. *Brave New World* (London: Chatto & Windus, 1970 [1932]).

Jackson, A. *Correspondence of Andrew Jackson*, Vol. 4. Edited by John Spencer Bassett (Washington 1929), 146.

Jones, R.V. *Most Secret War* (London: Hamilton, 1978).

Kagan, Shelley. *The Additive Fallacy* (Chicago: Ethics, 1988).

Kahneman, Daniel. *Thinking, Fast and Slow* (London: Penguin, 2012).

Kamm, F. *Intricate Ethics* (Oxford: Oxford University Press, 2007).

Kamm, F. *Ethics for Enemies* (Oxford: Oxford University Press, 2011).

Kant, I. *Groundwork for the Metaphysics of Morals*. Edited by Lara Denis (Plymouth: Broadview Press, 2005).

Kass, L. "The Wisdom of Repugnance." *New Republic* 216, no. 22 (June 1997).

Kenny, A. *A Life in Oxford* (London: John Murray, 1997).

King, Peter. *Utilitarian Jurisprudence in America* (London: Garland, 1976).

Knobe, J., and S. Nichols, ed. *Experimental Philosophy* (Oxford: Oxford University Press, 2008).

Koenigs, Michael, et al. "Damage to the Prefrontal Cortex Increases Utilitarian Moral Judgements." *Nature* 446, no. 7138 (April 19, 2007): 908–11.

Lehmann, John. *A Nest of Tigers* (London: Macmillan, 1968).

Levy, Neil. "Neuroethics: A New Way of Doing Ethics." *AJOB Neuroscience* 2, no. 2 (2011): 3–9.

Liao, M., A. Wiegmann, J. Alexander, and G. Vong. "Putting the Trolley in Order." *Philosophical Psychology* 25, no. 5 (2011): 1–11.

Lindsey, Almont. *The Pullman Strike* (Chicago: University of Chicago Press, 1971 [1942]).

Lovibond, Sabina. *Iris Murdoch: Gender and Philosophy* (London: Routledge, 2011).

Lucas, P., and A. Sheeran. "Asperger's Syndrome and the Eccentricity and Genius of Jeremy Bentham." *Journal of Bentham Studies* 8 (2006): 1–20.

Magee, Bryan. *Men of Ideas* (London: BBC, 1978).

Matthews, Richard. *The Absolute Violation* (Montreal: McGill-Queen's University Press, 2008).

McMahan, Jeff. *The Ethics of Killing* (Oxford: Oxford University Press, 2002).

Midgely, Mary. *The Owl of Minerva* (London: Routledge, 2005).

Mikhail, John. *Elements of Moral Cognition* (Cambridge: Cambridge University Press, 2011).

Mill, John Stuart. *Mill on Bentham and Coleridge*. Edited by F. R. Leavis (Cambridge: Cambridge University Press, 1980 [1950]).

Mill, John Stuart. *Autobiography* (Halifax: Ryburn Publishing Ltd., 1992 [1873]).

Mill, John Stuart. *Utilitarianism and On Liberty* (Oxford: Blackwell, 2002).

Morris, June. *The Life and Times of Thomas Balogh* (Eastbourne: Sussex Academic Press, 2007).

Murdoch, Iris. *Under the Net* (Harmondsworth: Penguin, 1954).

Murdoch, Iris. *The Sovereignty of Good* (London: Routledge, 1991 [1970]).

Murdoch, Iris. *A Writer At War*. Edited by Peter Conradi (Clays, Suffolk: Short Books, 2010).

Nagel, Thomas. *The View From Nowhere* (Oxford: Oxford University Press, 1986).

Navarrete, C. D., M. McDonald, M. Mott, and B. Asher. "Virtual Morality: Emotion and Action in a Simulated 3-D Trolley Problem." *Emotion* 12, no. 2 (2012): 365–70.

Nietzsche, F. *Human. All Too Human* (Cambridge: Cambridge University Press, 1986).

Norcross, Alastair. "Off Her Trolley? Frances Kamm and the Metaphysics of Morality." *Utilitas* 20, no. 1 (2008): 65–80.

Nozick, Robert. *Anarchy, State and Utopia* (New York: Basic Books, 1974).

Otsuka, Mike. "Double Effect, Triple Effect and the Trolley Problem." *Utilitas* 20, no. 01 (2008): 92–110.

Papke, David. *The Pullman Case* (Lawrence: University Press of Kansas, 1999).

Parfit, Derek. *Reasons and Persons* (Oxford: Clarendon, 1984).

Petrinovich, L., and P. O'Neill. "Influence of Wording and Framing Effects on Moral Intuitions." *Ethology and Sociobiology* 17 (1996): 145–71.

Piaget, J. *The Moral Judgement of the Child* (Harmondsworth: Penguin, 1977 [1932]).

Pinker, Steven. *The Language Instinct* (London: Penguin, 1994).

Powers, Charles. *Vilfredo Pareto* (London: Sage, 1987).

Quinn, Warren. "Actions, Intentions, and Consequence." In A. Norcross and B. Steinbock, eds., *Killing and Letting Die*, 2nd ed. (New York: Fordham University Press, 1994).

Rachels, James. "Active and Passive Euthanasia." *New England Journal of Medicine* 292, no. 9 (January 1975): 78–80.

Reeves, Richard. *John Stuart Mill: Victorian Firebrand* (London: Atlantic Books, 2007).

Richter, Duncan. *Anscombe's Moral Philosophy* (Plymouth: Rowman & Littlefield, 2011).

Roe, Jeremy. *Gaudi* (New York: Parkstone Press, 2010).

Rorty, A., ed. *Essays on Aristotle's Ethics* (Berkeley: University of California Press, 1980).

Russell, Bertrand. *My Philosophical Development* (London: George Allen and Unwin, 1959).

Russell, Bertrand. *Sceptical Essays* (London: Unwin, 1977 [1935]).

Scanlon, Thomas. *Moral Dimensions* (Cambridge, MA: Harvard University Press, 2008).

Schultz, B., and G. Varouxakis, eds. *Utilitarianism and Empire* (Lanham: Lexington Books, 2005).

Searle, John. "Minds, Brains and Programs." *Behavioral and Brains Sciences* 3 (1980): 417–57.

Searle, John. *Minds, Brains and Science* (London: BBC, 1984).

Shepherd, J. "Mate Selection among Second Generation Kibbutz Adolescents." *Archives of Sexual Behavior* 1 (1971): 293–307.

Sidgwick, Henry. *Methods of Ethics*, 7th ed. (London: Macmillan, 1907; reissued 1962).

Simpson, Brian. *Cannibalism and the Common Law* (London: Hambledon Press, 1994).

Simpson, J. *Touching the Void* (London: Cape, 1988).

Singer, P. "Ethics and Intuitions." *Journal of Ethics* 9 (2005): 331–52.

Singer, P. *The Life You Can Save* (Oxford: Picador, 2009).

Small, D., and G. Loewenstein. "Helping a Victim or Helping the Victim: Altruism and Identifiability." *Journal of Risk and Uncertainty* 26 (2003): 5–16.

Smart, J., and B. Williams. *Utilitarianism For and Against* (Cambridge: Cambridge University Press, 1973).

Smith, A. *The Wealth of Nations*. Edited by R. Campbell and A. Skinner (Oxford: Clarendon, 1976 [1776]).

Smith, A. *The Theory of Moral Sentiments*. Edited by Knud Haakonssen (Cambridge: Cambridge University Press, 2002 [1759]).

Steinbock, B., and A. Norcross, eds. *Killing and Letting Die* (New York: Fordham University Press, 1994).

Suter, R., and G. Hertwig. "Time and Moral Judgement." *Cognition* 119 (2011): 454–58.

Tallis, R. *Aping Mankind* (Durham, NC: Acumen, 2011).

Teichmann, Roger. *The Philosophy of Elizabeth Anscombe* (Oxford: Oxford University Press, 2008).

Terbeck, S., G. Kahane, et al. "Propranolol Reduces Implicit Negative Racial Bias." *Psychopharmacology* 222 (2012): 419–24.

Terbeck S., G. Kahane, et al. "Beta-adrenergic Blockade Reduces Utilitarian Judgment." *Biological Psychology* (under review).

Thomson, J. J. *Rights, Restitution, and Risk* (Cambridge, MA: Harvard University Press, 1986).

Thomson, J. J. *The Realm of Rights* (Cambridge, MA: Harvard University Press, 1990).

Uhlmann, E., et al. "The motivated use of moral principles." *Judgement and Decision Making* 4, no. 6 (October 2009).

Unger, P. *Living High and Letting Die* (Oxford: Oxford University Press, 1996).

United States Strike Commission. *Chicago Strike 1894* (Washington, DC, 1895). Available online at http://archive.org/stream/reportonchicago 00wriggoog#page/n6/mode/2up.

Valdesolo, Piercarlo, and D. DeStano. "Manipulations of Emotional Context Shape Moral Judgment." *Psychological Science* 17 (June 2006): 476–77.

Voorhoeve, A. *Conversations on Ethics* (Oxford: Oxford University Press, 2009).

Wallach, W., and Colin Allen. *Moral Machines* (Oxford: Oxford University Press, 2009).

Warnock, Mary. *A Memoir* (London: Duckworth, 2000).

Waugh, Evelyn. *The Sword of Honour Trilogy* (London: Penguin, 1999).

Wedgwood, Ralph. "Defending Double Effect." *Ratio* 24, no. 4 (2011): 384–401.

Weinberg, J., S. Nichols, and S. Stich. 2001. "Normativity and Epistemic Intuitions." *Philosophical Topics* 29 (1 and 2): 429–59.

Wheatley, T., and J. Haidt. "Hypnotic Disgust Makes Moral Judgments More Severe." *Psychological Science* 16 (2005): 780–84.

Wiggins, D. *Ethics: Twelve Lectures on the Philosophy of Morality* (Cambridge, MA: Harvard University Press, 2006).

Williams, Bernard. *Moral Luck* (Cambridge: Cambridge University Press, 1981).

Williams, Bernard. *Ethics and the Limits of Philosophy* (London: Fontana, 1985).

Wittgenstein, Ludwig. *Philosophical Investigations.* Translated by G.E.M. Anscombe. (Oxford: Blackwell, 1953).

Wright, Nick, et al. "Human Responses to Unfairness with Primary Rewards and Their Biological Limits." *Scientific Reports* 2, Article number 593 (August 2012).

Ziegler Philip. *London at War* (London: Sinclair-Stevenson, 1995).

致 谢

这部分内容对读者而言也许有些枯燥，但却是作者所喜欢的，它的作用是对曾经的帮助予以感谢。我要感谢的人能坐满一列电车。

首先，感谢多位哲学家。我就本书的内容同许多学院派哲学家进行过讨论，也使用了我与 BBC、《前景》（*Prospect*）期刊，尤其是《哲学迷》期刊（*Philosophy Bites*）（www. philosophybites. com）合作时搜集的资料。这些哲学家包括 Anthony Appiah，Fiery Cushman，Jonathan Haidt，Rom Harré，Anthony Kenny，Joshua Knobe，Sabina Lovibond，Mary Midgley，Adrian Moore，Mike Otsuka，Nick Phillipson，Janet Radcliffe Richards，Philip Schofield，Walter Sinnott-Armstrong 和 Quentin Skinner。

　　第二，感谢阅读过部分或全部手稿的另外一部分哲学家。本书疏漏之处在所难免，正是这些哲学家辛勤的工作让本书避免了更多的疏漏，他们是 Steve Clarke，John Campbell，Josh Greene，Guy Kahane，Neil Levy，John Mikhail，Regina Rini，Simon Rippon，Alex Voorhoeve 和 David Wiggins（还要感谢 Nick Shea，是他帮我辨认 Wiggins 教授的笔迹）。

　　第三，感谢那些协助我为参考文献搜集资料的人，有 Lesley Brown，M. R. D. Foot（很不幸，他已经去世），Anthony Kenny 爵士，还有 Daphne Stroud，她是 Philippa Foot 生前的教学搭档。

　　第四，我很感激 BBC 和《前景》期刊的记者们给予我的帮助。我在 BBC 的同事们在本书的构思阶段发挥了重要作用。Jeremy Skeet 帮助我委托他人制作了两集关于本书主题的 BBC World Service 系列的纪录片。该纪录片由可敬的 Steve Evans 制作，他是一位经济学家，拥有无尽的好奇心，本来也有可能成为一位杰出的哲学家。过去几年，我一直在为《前景》期刊撰写哲学文章，也正是在该期刊上，本书中的一些材料曾被刊登过。现供职于《金融时报》（the Financial Times）的 James Crabtree 和前编辑 David Goodhart 让我撰写一些其他期刊避之唯恐不及的题目。如果重复使用自己的作品也算是一种抄袭的话，那么我的确有过一两次这样的行为。有关哲学实验那一章的内容来自一次对实验哲学运动所做的调研，这部分内容是我与 Nigel Warburton 合著的。除了为《前景》期刊撰写有关"电车难题"的文章之外，我还撰写了一些有关"电车难题"衍生问题的文章。

第五，感谢普林斯顿大学出版社的团队：在撰写过程中，Hannah Paul 和 Al Bertrand 始终保持耐心并给予我鼓励。虽然人们总是在致谢部分表达对编辑类似的谢意，但这次我是真心的。审稿编辑 Karen Verde、插画作家 Dimitri Karetnikov 和新闻发言人 Caroline Priday 组成了一支优秀的团队。Hannah Edmonds 和往常一样承担了勘误终审的角色，敏锐地发现其他人忽略的语法和拼写问题。

第六，感谢我在 David Higham 的代理人，尤其是 Laura West 和 Veronique Baxter。

第七，我很感激审阅者的努力。普林斯顿的两位学者阅读了手稿。我很幸运，因为这两位不仅都是具有国际影响的道德哲学家，而且二人都选择放弃匿名。牛津大学教授 Roger Crisp 提出了许多有用的建议，还有这一领域的世界顶级专家之一、罗格斯大学和普林斯顿大学的 Jeff McMahan 也是如此。

第八，感谢 Julian Savulescu，Mariam Wood，Deborah

Sheehan，Rachel Gaminiratne 和牛津大学乌希罗应用伦理学中心的其他人，因为他们在过去几年中向我提供了如此热情的学术帮助。同样，感谢哲学研究所的 Barry Smith 和 Shahrar Ali。

第九，感谢英国最好的印度餐厅——"咖喱天堂"——为我的大脑加油。

最后，尤其要提几个朋友。过去六年里，Nigel Warburton 一直是我在《哲学迷》网站上的播客的合作者。2012 年 5 月，我们访谈的下载量已经达到了 1 800 万次；更重要的是，这一系列的访谈非常有趣，并且给了我十分广泛的哲学教育。我还想感谢两位非哲学家。John Eidinow（我与他合作了三本书）和法律学者 David Franklin，他们确实是非常聪明的伙伴。他们都通读了手稿并提出了数不清的宝贵意见。

这本书献给 Liz，因为她充满爱意的善良和她温柔的忍耐；献给 Saul，因为他对玩具火车的执着超过了我对电车的关注；也献给 Isaac，最令人愉快的中途站，因为其出现在第七章和第八章之间。

Would You Kill The Fat Man?: The Trolley Problem and What Your Answer
Tells Us about Right and Wrong by David Edmonds

图书在版编目（CIP）数据

你会杀死那个胖子吗？一个关于对与错的哲学谜题/（英）埃德蒙兹著；姜微微译 . —北京：中国人民大学出版社，2014.9
ISBN 978-7-300-20081-1

Ⅰ . ①你… Ⅱ . ①埃… ②姜… Ⅲ . ①伦理思想-实验 Ⅳ . ①B82-33

中国版本图书馆 CIP 数据核字（2014）第 228653 号

你会杀死那个胖子吗？一个关于对与错的哲学谜题
〔英〕戴维·埃德蒙兹　著
姜微微　译
Nihui Shasi Nage Pangzi Ma?

出版发行	中国人民大学出版社			
社　　址	北京中关村大街 31 号		**邮政编码**	100080
电　　话	010 – 62511242（总编室）		010 – 62511770（质管部）	
	010 – 82501766（邮购部）		010 – 62514148（门市部）	
	010 – 62515195（发行公司）		010 – 62515275（盗版举报）	
网　　址	http://www.crup.com.cn			
	http://www.ttrnet.com（人大教研网）			
经　　销	新华书店			
印　　刷	涿州市星河印刷有限公司			
规　　格	135 mm×190 mm　32 开本		**版　　次**	2014 年 10 月第 1 版
印　　张	7.875　插页 2		**印　　次**	2022 年 4 月第 6 次印刷
字　　数	124 000		**定　　价**	38.00 元